U0299648

古建筑工职业技能培训教材

古建筑传统瓦工

中国建筑业协会古建筑与园林施工分会　主编

中国建筑工业出版社

图书在版编目（CIP）数据

古建筑传统瓦工/中国建筑业协会古建筑与园林施工分会主编. —北京：中国建筑工业出版社，2019.6（2023.12重印）
古建筑工职业技能培训教材
ISBN 978-7-112-23773-9

Ⅰ.①古…　Ⅱ.①中…　Ⅲ.①古建筑-瓦工-职业培训-教材　Ⅳ.①TU754.2

中国版本图书馆CIP数据核字（2019）第094947号

本教材是古建筑工职业技能培训教材之一。结合《古建筑工职业技能标准》的要求，对各职业技能等级的瓦工应知应会的内容进行了详细讲解，具有科学、规范、简明、实用的特点。

本教材主要内容包括：瓦作发展概述，瓦作相关基础知识，瓦作常用材料、制品、工器具，基础营造，地面营造，墙体营造，屋面营造，瓦作施工项目技术管理知识。

本教材适用于瓦工职业技能培训，也可供相关职业院校实践教学使用。

责任编辑：葛又畅　李　明
责任校对：张　颖

古建筑工职业技能培训教材
古建筑传统瓦工
中国建筑业协会古建筑与园林施工分会　主编
*
中国建筑工业出版社出版、发行（北京海淀三里河路9号）
各地新华书店、建筑书店经销
北京红光制版公司制版
建工社（河北）印刷有限公司印刷
*
开本：850×1168毫米　1/32　印张：5⅜　字数：144千字
2019年7月第一版　2023年12月第四次印刷
定价：**25.00**元
ISBN 978-7-112-23773-9
（34083）

《古建筑工职业技能培训教材》编委会成员名单

古建筑传统石工编写组长：沈惠身

编　写　人　员：沈惠身　胡建中

古建筑传统油工编写组长：梁宝富

编　写　人　员：梁宝富　马　旺　代安庆　完庆建

郑德鸿

古建筑传统彩画工编写组长：张峰亮

编　写　人　员：张峰亮　李燕肇　张莹雪

参　编　单　位：中外园林建设有限公司

北京市园林古建工程有限公司

上海市园林工程有限公司

苏州园林发展股份有限公司

扬州意匠轩园林古建筑营造股份有限公司

杭州市园林工程有限公司

山东省曲阜市园林古建筑工程有限公司

北京房地集团有限公司

前　言

中国传统古建筑是中华民族悠久历史文化的结晶，千百年来成就辉煌，它高超的技艺、丰富的内涵和独特的风格，在世界民族之林独树一帜，在世界建筑史上占有重要地位。

在“建设美丽中国”、实现“中国梦”的今天，传统古建筑行业迎来了空前大好的发展机遇。无论是在古建文物修复、风景区和园林建设中，还是在城市建设、新农村建设中，传统古建筑这个古老的行业都将重放异彩、大有作为。在建设中书写“民族自信”、“文化自信”是我们传统古建筑行业的光荣职责。

传统古建筑行业有着数百万人规模的产业工人队伍，在国家发布的《职业大典》中，“传统古建筑工”被列为一个专门的职业，为加强传统古建筑工从业人员的队伍建设，促进从业人员素质的提高，推进古建筑工从业人员考核制度的实施，满足各有关机构开展培训的需求，遵照《古建筑工职业技能标准》JGJ/T 463－2019 的规定，特编写《古建筑工职业技能培训教材》。本套教材包括古建筑传统木工、古建筑传统瓦工、古建筑传统石工、古建筑传统油工、古建筑传统彩画工五个工种，同时也分别编入了木雕、砖雕、砖细、石雕、花街、匾额、灰塑等传统工艺的基本内容。

我国地域辽阔，古建筑流派众多，教材以明清官式建筑和江南古建筑为基础，尽量涵盖各流派、各地区古建筑风格。参阅引证统一以《营造法式》、《清工部工程做法》、《营造法原》等文献为主，其他地方流派建筑文献为辅。既体现了权威性，也为各地区流派留有余地，以利于培训中灵活操作。

本书注重理论联系实际，融科学和实操于一体，侧重应用技术。比较全面地介绍了古建筑传统瓦工应掌握的理论知识和工艺原理，同时系统阐述了古建筑传统瓦工的操作工艺流程、关键技术和疑难问题的解决方法。文字通俗易懂，语言简洁，满足各职业技能等级瓦工和其他读者的需要，方便参加培训人员尽快掌握基本技能，是极具实用性和针对性的培训教材。

本书由中国建筑业协会古建筑和园林施工分会组织古建施工企业一线工程技术人员编写。聘请我国著名古建专家刘大可先生、马炳坚先生具体指导和审稿。编写中还得到住建部人力资源开发中心的大力支持，在此一并感谢。

目　　录

一、瓦作发展概述

中国古建筑是华夏文化的一个重要组成部分。在数千年的发展过程中，形成了自己独特的建筑体系。其中瓦和砖在中国古代建筑中占据着尤为重要的地位，它的出现不仅革新了原“茅茨土阶”的建筑结构和构造，也对建筑的外观和用途产生了深远的影响。

（一）瓦作概念的出现

瓦作这一概念的雏形始于西周时期，这点可以从陕西岐山县凤雏建筑遗址所出土的属于西周早期的瓦块得到证实，此时的筒、板瓦已附有瓦环和瓦钉（图 1-1），一般仅用于夹草泥屋面的合缝处（如屋脊、天沟，见图 1-2）与檐口部分。

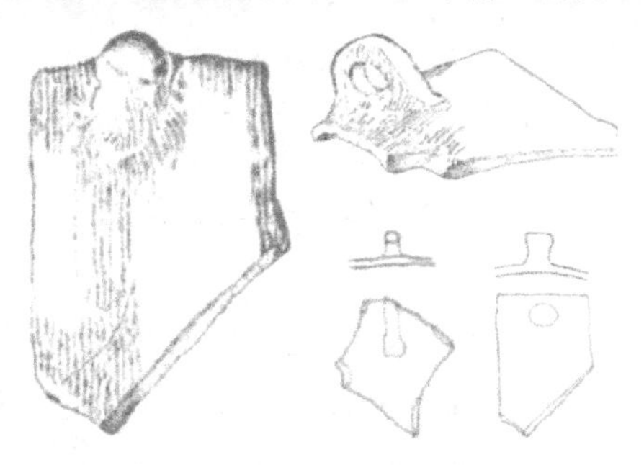

图 1-1　含瓦环和瓦钉的西周板瓦

西周晚期，由于陶瓦的铺设部位不仅限于屋脊与天沟，而是整个屋面，瓦的类别和形制也逐渐开始了多样性的发展，出现板瓦、筒瓦、半瓦当（图 1-3）和脊瓦（图 1-4）等基本形态。同时期陶砖也开始被应用，主要见于铺地与包砌壁体。

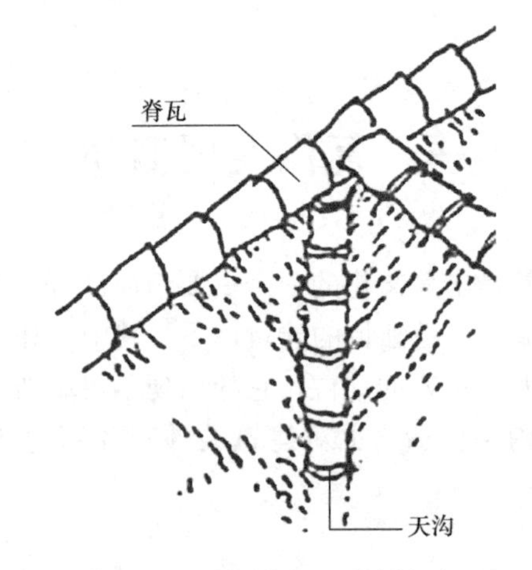

图 1-2　用作屋脊、天沟的瓦

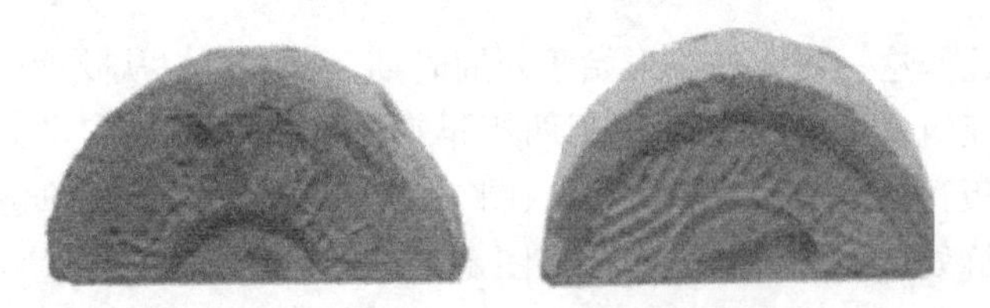

图 1-3　西周半瓦当

（二）瓦作的早期发展

秦汉时期，砖瓦逐渐开始兴盛，瓦作也因此开始了其早期的探索、发展的阶段。从瓦件来看，脊瓦（图 1-4）和瓦当（图 1-5、图 1-6）在这个时期得到了显著的发展，如瓦当由半圆发展为圆形，并出现了各种瓦当纹饰。

而砖在秦代还处于早期发展阶段，仅以空心砖和铺地砖为主要类型，主要用于在铺地、包砌壁体及殿堂的踏跺。直至汉代，砖才逐渐起承重作用而被运用于墓葬上。且由于当时为了扩大墓室空间及高度，墓顶逐渐发展为多折线形，各种不同用途的砖也随之开始出现，如榫卯砖（图 1-7）、条砖、楔形砖、画像砖等，同时拱壳结构、磨砖等技术工艺也随之出现了。

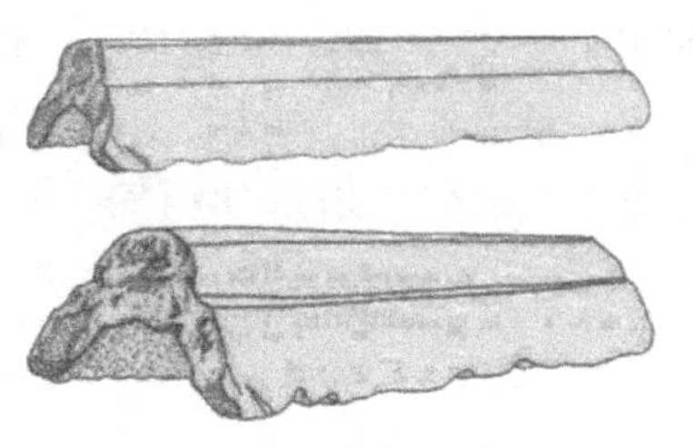

图 1-4　秦代脊瓦

图 1-5　先秦云纹瓦当

图 1-6　西汉寿字纹瓦当

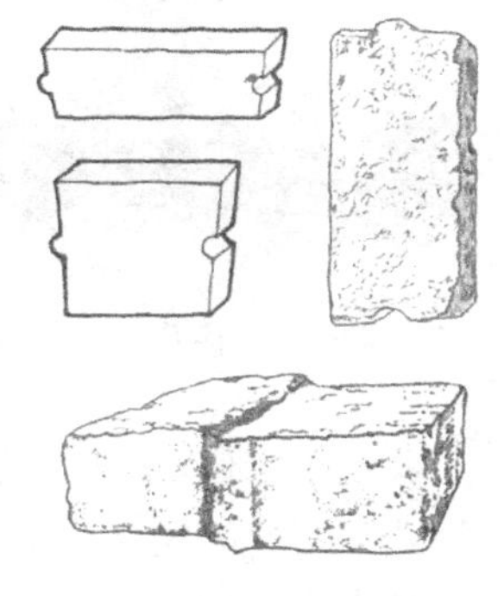

图 1-7　汉代 榫卯砖

（三）瓦作的中期发展

经过三国、两晋、隋唐时期的长期摸索发展，瓦作的技术愈加成型。

首先在瓦屋面上，瓦件的外观和用途有了明显的改进，同时琉璃制品开始运用在屋面上，这也促使了在五代宋辽金时期，被普遍运用到瓦屋面上。此外，其陶瓦铺设所需的形制、类别几乎已齐备，也为之后五代宋辽金时期瓦屋面上运用色彩丰富、形式多样、规格齐全的琉璃构件打下了良好的基础。

其次在砖的结构建筑工艺及其制造工艺上，淘汰了制造及施工工艺复杂的各类异形砖，并逐渐用条砖进行代替。故此砖块得以实现大规模生产，但由于其生产还是以承重条砖为主，依然主要用于坟墓、砖塔一类建筑上，所以整体来说用量仍不大，直到唐代，承重条砖的制造、应用开始趋向普及，最明显是当时砖塔已更多地取代木塔（如西安大雁塔，图 1-8；云南大理崇圣寺塔，图 1-9）。

图 1-8　唐代 西安大雁塔

图 1-9　云南大理崇圣寺塔

到了宋代，砖的规格开始被统一起来，由李诫所著的《营造法式》对砖的规格及工艺进行了总结推广，其主要规定了砖的类型共有十三种并说明了常用的几种砖（方砖、条砖、压阑砖、砖碇、牛头砖、走趄砖、趄条砖、镇子砖），其表达的类型、尺寸简单明确（表 1-1）。砖的规格、类型得到了统一，砖的防潮、耐磨、清洁等工艺也逐步发展成熟。

《营造法式》关于造砖技术的规定　　表 1-1

名称	类型	尺寸（宋尺）	主要用途	每一工日可制砖坯数（块）	焙烧十块砖需用麦草数（束）（每束重二十斤）
方砖	1	2×2×0.3	11 间以上殿阁铺地	10	8
	2	1.7×1.7×0.28	7 间以上殿阁铺地	16	62
	3	1.5×1.5×0.27	5 间以上殿阁铺地	27	5
方砖	4	1.3×1.3×0.25	殿阁、厅堂、亭榭铺地	39	3.8
	5	1.2×1.2×0.2	行廊、小亭榭、散屋铺地	76	2.6
条砖	6	1.3×0.65×0.25	砌墙壁画与 4 型通用	82	1.9
	7	1.2×0.6×0.2	砌墙甃井与 5 型通用	187	0.9

续表

名称	类型	尺寸（宋尺）	主要用途	每一工日可制砖坯数（块）	焙烧十块砖需用麦草数（束）（每束重二十斤）
压阑砖	8	2.1×1.1×0.25	砌阶唇	27	8
砖碇	9	1.15×1.15×0.43	—	39	2.6
牛头砖	10	1.3×0.65 一端厚 0.25 另一端厚 0.22	城墙	90.2	1.71
走趄砖	11	1.12×0.2 面宽 0.55 底宽 0.6	城墙	187	0.9
趄条砖	12	0.6×0.2 面长 1.15 底长 1.12	城墙	187	0.9
镇子砖	13	0.65×0.65×0.20			

也正因如此，砖在经五代宋辽金时期的发展后，其应用、制造等技术水平日益成熟。砖塔的建造也更加成型了，如宋塔多为八角形阁楼式塔（图 1-10），北方地区的辽塔则多为八角形密檐塔（图 1-11）。

图 1-10　河南开封开宝寺塔

图 1-11　河北定州料敌塔

（四）瓦作的后期发展

到了元明清时期，由于陶瓦的运用发展已基本成型，故在官式建筑中开始把用瓦的重心转向了琉璃瓦，而淘汰了青棍瓦。而用砖这一方面，则是大部分土墙开始被砖墙取代，开始出现硬山建筑，甚至出现了全部用砖砌筑的大殿“无梁殿”，如建于明永乐十八年（1420 年）的北京天坛斋宫正殿（图 1-12）、建于明嘉靖十三年（1534 年）的北京皇史宬正殿（图 1-13）。

图 1-12　北京天坛斋宫正殿

图 1-13　北京皇史宬正殿

同时由于明清时期统治者的高压政策，使其砖瓦的质量比较高，但由于其技术还是比较保守，故清较之元明时期进展并不大，基本墨守成规，仅在其施工工艺及装饰方面有较突出的变化，这一点跟当时封建统治阶级挥霍无度、不计工本有着直接的关系。

到了晚清民国时期，除了把传统砖、瓦技艺推向极致外，同时吸收并融合了西方建筑的元素和特点，如 1907 年建造的段祺瑞执政府（图 1-14）、1915 年建造的故宫宝蕴楼（图 1-15）都是该时期的代表作。

图 1-14　段祺瑞执政府

图 1-15　故宫宝蕴楼

20 世纪 50 年代，中西结合的仿古建筑盛行一时，“北京十大建筑”是代表作。建筑砖体构件没有发生明显的变化，只有琉璃构件有了微妙变化。有的吻兽、脊件以和平鸽或回纹、云纹造型作为主题（图 1-16、图 1-17）。瓦当、滴水的图案以鸽纹、葵花、云纹、花瓣纹作为主题图案。

图 1-16　友谊宾馆鸽纹吻兽

图 1-17　中山公园展览室回纹吻兽

二、瓦作相关基础知识

（一）常见古建筑构造特征

中国古建筑的构造方式是多种多样的，明清以来的建筑屋面形式主要表现形式有硬山建筑、悬山建筑、庑殿建筑、歇山建筑、攒尖建筑以及其他杂式建筑。

图 2-1　硬山建筑

1. 硬山建筑

硬山建筑的特点是屋面仅有前后两坡，左右两侧山墙与屋面相交，并将檩木梁架全部封砌在山墙内，即所谓“封山下檐”（图 2-1）。硬山建筑以小式最为普遍，清《工程做法则例》列举了七檩小式、六檩小式、五檩小式的例子，这也是硬山建筑的常见形式。硬山建筑也有不少大式的实例，一般用于宫殿、寺庙中的附属用房或配房。

2. 悬山建筑

悬山建筑的特点是屋面有前后两坡，两山屋面悬挑出两侧山墙之外。悬山建筑梢间的檩木不是包砌在山墙之内而是挑出山墙之外，即所谓“出梢”，这是区别于硬山建筑的最明显特征，见图 2-2。按屋面做法分，悬山建筑可分为大屋脊悬山和卷棚悬山。

3. 庑殿建筑

庑殿建筑的特点是屋面有四坡，前后坡屋面相交形成一条正脊，两山屋面与前后坡屋面相交形成四条垂脊，故庑殿又称四阿殿、五脊殿，山面两坡叫“撒头”（图 2-3）。庑殿建筑是中国古

图 2-2　悬山建筑

建筑中的最高形制，有宫殿、庙堂、楼阁、门庑等。宫殿、庙堂等建筑体量较大，有单檐屋顶也有重檐屋顶，面宽可达九间，两侧设廊间时达十一间，通进深最大可至五间。楼阁、门庑等建筑体量较小，多采用单檐屋顶，面宽一般五至七间，不超过九间，通进深三至四间。

图 2-3　庑殿建筑

4. 歇山建筑

从外形来看，歇山建筑仿佛是一座悬山屋顶歇在一座庑殿屋顶上，因此它兼有悬山和庑殿建筑的某些特征（图 2-4）。以单檐庑殿建筑为例，如果以建筑物的下金檩为界将屋面分为上下两段，上段具有悬山建筑的特征，屋面分为前后两坡，梢间檩木向山面挑出，一条正脊，四条垂脊等；下段则有庑殿的特征，如屋面有四坡，山面两坡与檐面两坡相交形成四条脊，称为“戗脊”，因此单檐歇山亦称“九脊殿”。

图 2-4 歇山建筑

5. 攒尖建筑

攒尖建筑最典型的特点是屋面在顶部交汇为一点，上覆宝顶。在古建园林中各种不同形式的亭子，有三角、四角、五角、六角、八角、圆亭等都属于攒尖建筑，按层数不同，常见有单檐、重檐和三重檐（图 2-5）。在宫殿、坛庙中也有大量攒尖建筑，如北京故宫的中和殿、交泰殿是四角攒尖宫殿建筑，而天坛祈年殿则是典型的圆形攒尖坛庙建筑。

图 2-5 三重檐圆形攒尖

（二）瓦作工程识图

瓦作工程图纸主要包括建筑总平面图、建筑平面图、建筑立面图、建筑剖面图、屋顶平面图、基础平面图、基础剖面图、详图（大样图）等，不同图纸侧重体现不同部位位置及尺寸。

1. 建筑总平面图

（1）工程所在的地理位置（城区为 1/200，郊区 1/2000）。

（2）建筑与周边建筑的准确距离，建筑的四角经纬数。

（3）以米为单位标明与拟建建筑的外围尺寸。

（4）建筑±0.000 的绝对标高。

2. 建筑平面图

（1）整个建筑的轴线尺寸、轴线号、进深尺寸，以毫米（mm）为单位（图 2-6）。

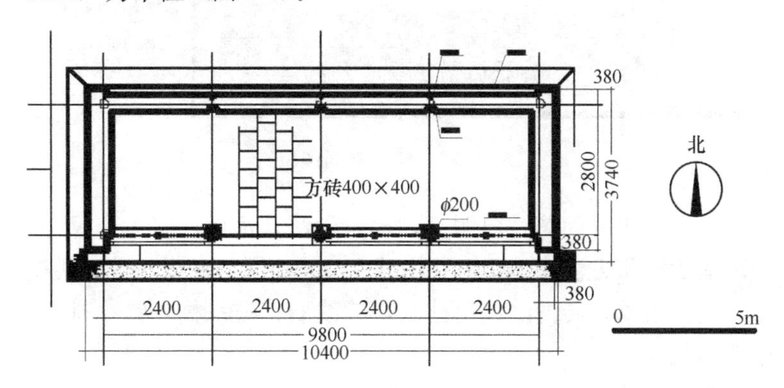

图 2-6 建筑平面图

（2）建筑的柱网布置，台明宽度，各个墙体的厚度，台阶步数，台阶的样式，散水宽度。

（3）建筑各个房间的平面布置、功能以及门窗平面尺寸、门的开启方向。

（4）各个单体建筑的标高以及各单体间的平面距离。

（5）古建的“掰升”一般平面图上不体现，需与瓦木工商讨，如瓦工“掰”则在放线时让出，木工按图纸下料。

（6）石匠根据平面图“讨”各石活尺寸，按规矩，加工石料。

（7）从平面图中还可得出，每个单体建筑的建筑形式。

（8）如是硬山建筑，墀头的宽度，小台阶均可查到。

3. 建筑立面图

（1）正立面图：台明高，台阶做法，陡板做法；腿子，宽度，下碱高度，槛墙高度及砌筑方法；瓦面做法，屋脊形式（图 2-7）。

（2）背立面图：台明高，台阶做法，透风位置大小尺寸；如有后窗，后窗长、宽、高尺寸；后墙砌筑方面，下碱高，签尖形式。

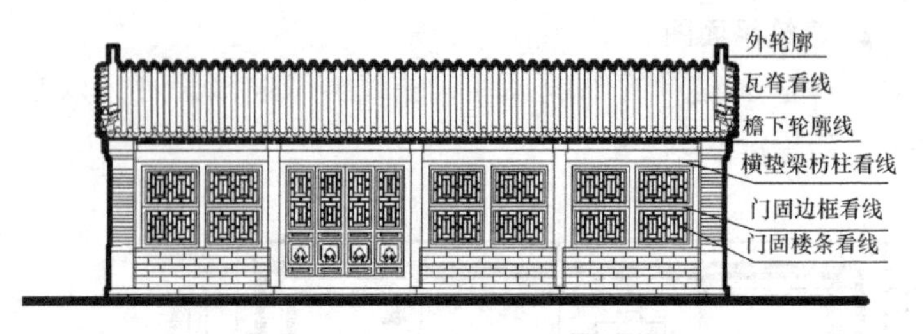

图 2-7　建筑立面图

（3）两山立面图：台明高，台阶做法，透风位置大小尺寸；山墙墙面砌筑方法，如：五花山墙、五出五进，软做法等；挑檐石，砖砌挑檐，砖博缝；角柱石，腰线石；披水檐，铃铛排山，箍头脊做法。

4. 建筑剖面图

（1）台明、柱子、檐口、上下檐出等的尺寸。

（2）墀头、象眼、廊心墙、穿插档，下碱墙体的砌筑方法和宽、高尺寸。

（3）剖面图中可清楚看出前后檐墙面和瓦面的关系。后檐有封护檐和老檐出两种，山墙都有腿子，封护檐无腿子，图中可显示出后檐口砌筑方法，以及台明以下做法。

（4）建筑室内外高差，室内地面做法，室外地坪散水做法（图 2-8）。

5. 屋顶平面图

（1）整个建筑群瓦面情况及各种脊的布置。

（2）各个建筑相互檐口交接情况，如廊子与垂花门，廊子与正房廊子与厢房耳房等。

（3）整个建筑群屋面排水走向，天沟及有组织排水。

6. 基础平面图

（1）在基础平面中应得到通面阔，通进深，各开间，下出，山出，墙厚，柱掰升，灰土槽宽等尺寸。

（2）在基础平面中还应有各个轴线，并对照建筑平面图确保

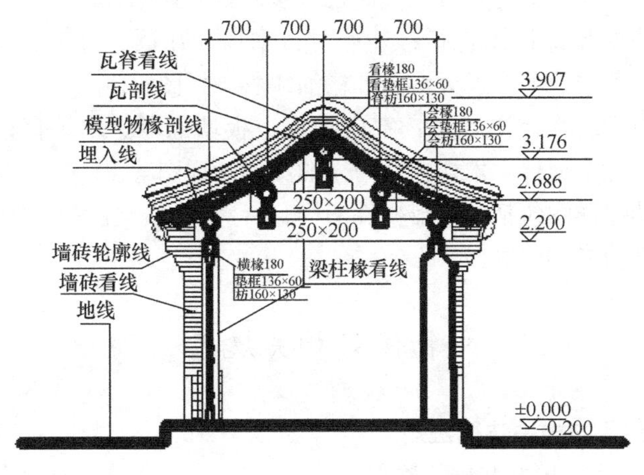

图 2-8　建筑剖面图

准确无误。

（3）在适当位置钉“龙门板”将轴线，内外包金线，灰口槽外皮线均标在龙门板上，反复核查，确保准确无误。

7. 基础剖面图

（1）基础剖面图所示的基础深度是基础挖槽的依据，一般是由当地冻土层（因灰土怕冻）和土层承载力两个因素决定的。

（2）基础剖面图中的基础宽度，包括灰土宽，灰土厚，磉墩的长宽尺寸以及栏土宽度。

（3）基础剖面还应有一些特殊部位的基础大样，以及台明阶条石以下的做法。

8. 详图（大样图）

详图是指在原图纸上无法进行表述而进行详细制作的图纸。节点大样图是指针对某一特定区域进行特殊性扩大比例标注，较详细地反映图纸中某一局部的组成、构造等情况。详图应精确、完整，尺寸标注清楚，定位关系明确。比例一般为1∶5～1∶20。

（1）结构详图包括：建筑物的基础大样图、特殊构造详图和各种结构节点大样图等，常规做法也可参照各专业图集。

（2）外檐装饰详图包括：外墙身、檐口、瓦面、脊饰、楼梯、台阶、散水、墀头、天沟及外檐油漆彩画详图等。

（3）内檐装饰详图包括：室内地面、板墙隔断、木装修门窗、吊顶、五金配件、木楼梯及内檐油漆彩画详图等。

（4）其他详图包括：砖雕构件图样、特殊加固、避雷、安防设施及辅助功能详图等。

（三）文物保护相关规定

1. 文物保护相关法律法规

（1）《中华人民共和国文物保护法》（2017 年 11 月 4 日第十二届全国人民代表大会常务委员会第三十次会议第五次修正）中规定：对不可移动文物进行修缮、保养、迁移，必须遵守不改变文物原状的原则。

（2）《中华人民共和国文物保护法实施条例》（2017 年 10 月 7 日国务院令第 687 号修订）中规定：承担文物保护单位的修缮、迁移、重建工程的单位，应当同时取得文物行政主管部门发给的相应等级的文物保护工程资质证书和建设行政主管部门发给的相应等级的资质证书。

（3）《文物保护工程管理办法》（文化部令第 26 号）中规定：文物保护工程必须遵守国家有关施工的法律、法规和规章、规范，购置的工程材料应当符合文物保护工程质量的要求。施工单位应当严格按照设计文件的要求进行施工，其工作程序为：依据设计文件，编制施工方案；施工人员进场前要接受文物保护相关知识的培训；按文物保护工程的要求作好施工记录和施工统计文件，收集有关文物资料；进行质量自检，对工程的隐蔽部分必须与业主单位、设计单位、监理单位共同检验并做好记录；提交竣工资料；按合同约定负责保修，保修期限自竣工验收之日起计算，除保养维护、抢险加固工程以外，不少于五年。

（4）《中国文物古迹保护准则》（2015 版，国际古迹遗址理事会中国国家委员会制定、中华人民共和国国家文物局推荐）规定文物保护的“十大”原则：包括：必须原址保护；尽可能减少干预；定期实施日常保养；保护现存实物原状与历史信息；按保护要求使用保护技术；正确把握审美标准；必须保护文物环境；已不存在的建筑不应重建；考古发掘注意保护实物遗存；预防灾害侵袭。

2. 古建筑修建工程相关质量标准

《古建筑修建工程施工及验收规范》JGJ 159—2008。

（四）瓦工安全相关知识

1. 在操作前，必须检查操作环境是否符合安全要求，如道路是否畅通，工具是否完好牢固，安全设施是否符合要求，防护用品是否佩戴齐全等，符合要求后才能施工。

2. 砌基础时，应经常注意基槽有无崩落现象，堆放砖石应离开坑边 1m 以外，操作人员应设梯子上下，不得攀跳，下梯子时应面向梯子一侧。

3. 脚手架上堆砖不得超过 3 层侧砖，同一块脚手板上操作人员不应超过 2 人。

4. 不准用不稳固的工具或物体在脚手板面垫高操作。

5. 砍砖时应面向内打，以免碎砖屑伤人，修整石块时要戴防护镜。

6. 上、下交叉作业，必须设置安全隔板。

7. 冬期施工，脚手板如有冰霜、积雪，应先清除后才能上架子进行操作。

三、瓦作常用材料、制品、工器具

（一）瓦　　件

1. 瓦的种类

一般按质地和形状区分种类。

（1）按质地分

通常分为布瓦和琉璃瓦。

1）布瓦：颜色呈深灰色的黏土瓦称为布瓦，布瓦屋面又称为黑活屋面。

2）琉璃瓦：表面施釉的瓦，由琉璃胎经过 1100℃以上的高温烧制后涂上釉料，然后再进行 800～900℃的低温回烧而成。在宋朝时已经在宫殿上使用黄绿色琉璃瓦。元朝宫殿则用黄、绿、蓝、红、粉、白、黑、紫等多色琉璃瓦和琉璃构件。明清两代宫殿、陵寝和皇家寺庙多用黄色琉璃，园林建筑杂用蓝、绿、黑等色的琉璃。亲王宫殿、园寝多用绿色琉璃。削割瓦：一般指琉璃瓦坯子素烧，“闷青”成型。

（2）按形状分

通常分为六种：筒瓦、板瓦、檐口瓦、当沟瓦、线道瓦、条子瓦。

1）筒瓦：用于高等级的殿阁、亭榭、厅堂屋面的盖瓦。瓦坯在筒形木模上制作，每筒划成 2 片，瓦的断面成半圆形。

2）板瓦：供各类房屋屋面作底瓦，低等级的厅堂、房屋也作为盖瓦之用。板瓦坯在筒模上划成 4 片，其断面成 1/4 圆的弧线。

3）檐口瓦：用于屋檐檐口的瓦，主要有花头筒瓦（即“勾头”）及滴水状板瓦（即“滴水”），起到遮挡屋面灰背露头及装饰檐口的作用。

4）当沟瓦：用于屋脊与瓦陇的相交处，可使脊下部紧扣瓦陇，以防雨水渗入。有大当沟瓦与小当沟瓦之分：大当沟瓦用于筒瓦屋面；小当沟瓦用于板瓦屋面（即盖瓦也用板瓦）。

5）线道瓦：用于屋脊之下、当沟瓦之上，也是脊的一部分，但侧面露于脊外，成线道，故称线道瓦。

6）条子瓦：又称垒脊条子瓦或垒脊瓦，用于垒砌屋脊之用。

2. 常见瓦件规格

瓦件最常用的是琉璃瓦和布瓦，瓦的尺寸历代都有变化，总的趋势是越变越小。此外，各个地区历史的沿革不同，不同的产地尺寸也存在一些差异。瓦件的选用，根据房屋体量大小、等级高低选用瓦的形式与尺寸，明确规定出来的规律有两条：一是高等级建筑用筒瓦（含琉璃瓦、布瓦）铺设屋面，低等级建筑用板瓦铺设屋面；二是屋面体量大者用瓦尺寸大，相反则小。

常用琉璃瓦件包括筒瓦、板瓦、勾头、滴水、正脊筒子、正吻、垂脊筒子、垂兽、戗脊筒子、戗兽、仙人走兽、套兽等，种类繁多。明代规定为十样瓦，清代头样和十样瓦不常用，规定为二样至九样瓦，北方地区琉璃瓦规格见表 3-1。

常用琉璃瓦规格　　表 3-1

名称	规格（cm）								
		二样	三样	四样	五样	六样	七样	八样	九样
正当沟	长	38.4	36.8	33.6	28.3	26.7	24	22	20.4
	宽	27.2	25.6	21	16.5	15	14.5	13.5	13
	高	2.56	2.56	2.24	2.24	1.92	1.92	1.6	1.6
筒瓦	长	40	36.8	35.2	33.6	30.4	28.8	27.2	25.6
	宽	20.8	19.2	17.6	16	14.4	12.8	11.2	9.6
	高	10.4	9.6	8.8	8	7.2	6.4	5.6	4.8

续表

名称		规格（cm）							
		二样	三样	四样	五样	六样	七样	八样	九样
板瓦	长	43.2	40	38.4	36.8	33.6	32	30.4	28.8
	宽	35.2	32	30.4	27.2	25.6	22.4	20.8	19.2
	高	7.04	6.72	6.08	5.44	4.8	4.16	3.2	2.88
滴水	长	43.2	41.6	40	38.4	35.2	32	30.4	28.8
	宽	35.2	32	30.4	27.2	25.6	22.4	20.8	19.2
	高	17.6	16	14.4	12.8	11.2	9.6	8	6.4
勾头	长	43.2	40	36.8	35.2	32	30.4	28.8	27.2
	宽	20.8	19.2	17.6	16	14.4	12.8	11.2	9.6
	高	10.4	9.6	8.8	8	7.2	6.4	5.6	4.8
正脊筒子	长	四样以下无			73.6	70.4	67.4	64	60.8
	宽				27.2	25	23	21	18.5
	高				32	28.4	25	20	17
垂脊筒子	长	99.2	89.6	83.2	76.8	70.4	64	60.8	54.4
	宽	32	30	28.5	27	23.04	21.76	20	17
	高	52.8	46.4	36.8	28.6	23	21	17	15
岔脊筒子	长	89.6	83.2	76.8	70.4	64	60.8	54.4	48
	宽	30	28.5	27	23.03	21.76	20.8	17	9.6
	高	46.4	36.8	28.6	23	21	17	15	13
博通脊	长	89.6	83.2	76.8	70.4	56	46.4	33.6	32
	宽	32	28.8	27.2	24	21.44	20.8	19.2	17.6
	高	33.6	32	31.36	26.88	24	23.68	17	15

常用布瓦瓦件主要为筒瓦、板瓦、吻兽、望兽、套兽、小跑等。清代规定为1号、2号、3号及10号四种。各地生产的尺寸大小不一，其中北方地区现行瓦件尺寸较为接近清代官窑尺寸，详见表3-2。

常用布瓦规格 表 3-2

名称		规格（cm）				
		头号	1号	2号	3号	10号
筒瓦	长	30.5	21	19	17	9
	宽	16	13	11	9	7
板瓦	长	22.5	20	18	16	11
	宽	22.5	20	18	16	11
滴水	长	25	22	20	18	13
	宽	22.5	20	18	16	11
勾头	长	33	23	21	19	11
	宽	16	13	11	9	7
花边瓦	长	—	—	20	18	—
	宽	—	—	18	16	—

3. 当代常用瓦件规格

（1）布瓦屋面之筒瓦

大殿：底瓦一般采用 24cm×24cm 斜沟瓦，盖筒采用 29.5cm×16cm（称 14 寸）筒瓦；

厅堂：底瓦 20cm×20cm，盖筒 28cm×14cm(称 12 寸）筒瓦；

塔顶：底瓦 20cm×20cm，盖筒 28cm×14cm(称 12 寸）筒瓦；

走廊、平房、围墙、四方亭、多角亭：底瓦 20cm×20cm，盖筒 22cm×12cm（10 寸）筒瓦。

江南古建筑屋面一般在勾头上雕塑上各种花纹，如“兽头状”、“团龙状”、“牡丹花状”等图案，花边滴水瓦上塑有“蝠寿”、“草龙”、“龙凤”状等图案。安装瓦头时应钉设瓦口铁搭用于固定瓦口板，起到不下滑的作用。

（2）布瓦屋面之小青瓦（合瓦）

在江南古建筑中小青瓦屋面占相当大的比例，宏伟的大殿建筑也有相当部分采用小青瓦作底盖瓦形式，小青瓦有大瓦（底瓦）小瓦（盖瓦）之分。

小青瓦底瓦规格一般为 20cm×20cm，普遍用于走廊、平房、厅堂、榭、亭子等小型建筑屋面，如大殿屋面一般采用24cm×24cm的斜沟瓦做底瓦。

小青瓦盖瓦规格一般采用18cm×18cm（16cm×16cm）与20cm×20cm的底瓦配套使用。大殿屋面用20cm×20cm规格做盖瓦。

江南古建筑小青瓦屋面檐口上带装饰性图案，滴水瓦上一般设“蝠寿”、“龙凤”等图案，花沿俗称“花瓦头”，设“双钱”、“波纹”等不同年代不同形式图案。

（3）琉璃瓦屋面

琉璃瓦屋面在江南古建筑中一般在文庙、寺庙、道观里面应用，在古代民间房屋屋面很少采用琉璃瓦铺设（但现代民间较多）。琉璃瓦规格南方称号（北方称样），共有1号、2号、3号、4号、5号五个品种。

大殿：1号底瓦28cm×35cm，1号盖筒瓦18cm×30cm；
　　　2号底瓦22cm×30cm，2号盖筒瓦15cm×30cm；

厅堂：2号底瓦22cm×30cm，2号盖筒瓦15cm×30cm；
　　　3号底瓦20cm×29cm，3号盖筒瓦13cm×26cm；

宝塔：层数较多，檐口较高，但屋面所占面积不大。

塔周边廊屋：2号底瓦22cm×30cm，2号盖筒瓦15cm×30cm；

宝塔上部：3号底瓦20cm×29cm，3号盖筒瓦13cm×26cm；
　　　　　4号底瓦17.5cm×26cm，4号盖筒瓦11cm×22cm；

四方亭，多角亭：4号底瓦17.5cm×26cm，4号盖筒瓦11cm×22cm；
　　　　　　　　5号底瓦12cm×21cm，5号盖筒瓦8cm×16cm。

（二）砖　　料

由于规格、工艺、产地等差异派生出不同的砖产品的名称，常见清代青砖有城砖、停泥砖、砂滚转、开条砖、四丁砖、斧刃砖、地趴砖、方砖、金砖等。

1. 砖的种类

（1）按照砖制坯的精细程度分

有糙砖、砂滚砖、停泥砖、澄浆砖和金砖五种。

1）糙砖：用黏土加水拌合摔打，闷一夜之后即可制坯。这种砖质地粗糙，多用在混合墙和基础工程中。

2）砂滚砖：在制坯过程中为避免黏土在速干时产生裂缝，以干砂附着在土坯表面后烧制，称为砂滚砖。另外清代晚期用砂质黏土制的砖也叫砂滚砖或砂板砖。

3）停泥砖：用优质细泥（简称停泥）烧制而成，在制坯过程中要把泥浆存放较长的时间（经过冻和晒）再行制坯上窑。这种砖质地较细，按照尺寸规格可以分为城砖、大停泥、小停泥及停泥方砖等，一般用于墙身、地面、砖檐等常规部位，是古建筑常用的砖。

4）澄浆砖：将制坯的泥浆放在池内静置，使砂砾沉淀，澄出上部的细泥浆经过晾晒后造坯。这种砖的质地细密，能做磨砖对缝的墙面和地面。用澄浆法还可以制作其他规格的砖，如方砖、大城砖、陡板砖等。明代临清生产的澄浆城砖质地最佳，称为临清砖。

5）金砖：产于苏州，在明清时期专供宫殿室内铺墁地面的大型方砖，质地极细密。在制造过程中，除各道工序更加细致外，选好的泥土须经一冬一夏晾晒，制成砖坯后用油纸包封严密，再阴干7个月以上，方能入窑。再经过严格的烧制程序后窨水出窑，烧成砖后要逐块检验，表面要光洁无疵，并且敲击时有金属之声，因此得名金砖。

（2）按照在建筑中的使用部位分

有城砖、墙身砖、地面砖、檐料子、脊料子和杂料子。

1）城砖：古建筑砖料中规格最大的一种砖，常用于城墙、台基、屋墙下碱等体积较大的部位。由于规格大小和生产工艺等的不同，又分为以下几种。按规格大小命名的有大城砖、二城样砖，这是城砖中最常用的砖；按产地命名的有临清城砖，特指山东临清生产的砖，因质地细腻、品质优良而出名；以生产工艺命名的有澄浆城砖、停泥城砖。

2）墙身砖：墙身砖可以分为五扒皮、膀子面、三缝砖、淌白砖、六扒皮。

3）地面砖：地面砖可以分为盒子面、八成面、干过肋。

4）檐料子：用于砖檐部位的砖料，如：枭、混、直檐、博缝（头）砖等。

5）脊料子：用于屋脊部位的砖料，如：硬瓦条、混砖、陡板砖、规矩盘子、天地混、宝顶等用料。

6）杂料子：用量小但造型多变的砖料，如：砖挑檐、博缝、须弥座、影壁心、穿插、靴头、马蹄磉、三岔头、岔角、什锦砖套子等料。

（3）按照砖的形状分

有开条砖、方砖、异形砖（六方砖、八方砖、车辋砖、镐楔砖、拱券、斗拱）。

1）开条砖：是指规格尺寸比较小，而宽度要比长度小 1/2、厚度又较宽度小 1/2 以上的细条形砖，它与现代的黏土砖相似，一般在制作过程中，常在其中部划一道细长浅沟，以便施工时开条。多用来补缺、开条，或在檐口等需要现场砍制的部位使用。它依开条数不同分为双开砖和三开砖两种。

2）方砖：是专指平面尺寸成方形的一种砖，多用来作为博缝、铺地砖。依南方古建筑用的鲁班尺规格，方砖分为二尺方砖、一尺八寸方砖、尺六方砖、尺五方砖以及尺三方砖、南窑大方砖等，现在古建筑维修中常用的方砖也有按照公制确定的规格尺寸，如 300mm×300mm×30mm、400mm×400mm×40mm、500mm×500mm×60mm 等。

3）异形砖：是指不能列入上述类别的其他砖，如八五青砖、望砖、万字脊花砖、压脊砖、黄（皇）道砖等。

2. 常见砖料规格

中国古建筑中所用的砖料，由于各地差异，从未有统一规范，都只能做到基本相近、大致统一，直至现在依然存在这种现象。以下是宋《营造法式》中列出的常规规格的一些类型，详见表3-3。现代常用的砖料名称、规格及适用范围，其北方部分详见表3-4，南方部分详见表3-5。

宋《营造法式》中常用砖料尺寸及适用范围　　表3-3

（本表计量单位为鲁班尺，鲁班尺换算成公有制为1尺＝27.2cm）

砖名	长	宽	厚	用途
大砖	1.02尺～1.8尺	5.1寸～9寸	1寸～1.8寸	砌墙用
城砖	6.8寸～1尺	3.4～9寸	6.5分～1寸	砌墙用
单城砖	7.6寸	3.8寸		砌墙用
行单城砖	7.2寸	3.6寸	7分	砌墙用
五斤砖	1尺	5寸	1寸	砌墙用
行五斤砖	9.5寸	4.3寸		砌墙用
	9寸			砌墙用
二斤砖	8.5寸			砌墙用
十两砖	7寸	3.5寸	7分	通常砌墙用
六斤砖	1.55尺	7.8寸	1.8寸	筑脊用
	2.2尺		3.5寸	筑脊用
正京砖	2尺	方形	3寸	大殿铺地用
	1.8尺		2.5寸	铺地用
	2.42尺	1.25尺	3.1寸	铺地用
二尺方砖	2.2尺			铺地用
尺八方砖	1.8尺	方形	2.2寸	厅堂铺地用

续表

砖名	长	宽	厚	用途
尺六方砖	1.6尺	方形		厅堂铺地用
尺五方砖			加厚	厅堂铺地用
尺三方砖			1.5寸	厅堂铺地用
南窑大方砖	1.3尺	半方形	加厚	厅堂铺地用
山东望砖	8.1寸	5.3寸	8分	铺椽上
方望砖	8.5寸	方形	9分	殿庭铺椽上用
八六望砖	7.5寸	4.6寸或4.7寸	5分	厅堂铺椽上用
小望砖	7.2寸	4.2寸		平房铺椽上用
黄道砖	6.2寸	2.7寸	1.5寸	铺地、天井、砌单壁用
	6.1寸	2.9寸	1.4寸	铺地、天井、砌单壁用
	5.8寸	2.6寸		铺地、天井、砌单壁用
	5.8寸	2.5寸	1寸	铺地、天井、砌单壁用
地方黄道砖	6.7寸	3.5寸	1.4寸	铺地、天井、砌单壁用
半黄砖	1.9寸	9.9寸	2.1寸	砌墙门用
小半黄砖	1.9寸	9.4寸	2寸	砌墙门用

现代常用砖料的名称、规格及适用范围（北方）　　表 3-4

名称		常见规格（mm×mm×mm）	适用范围
城砖	大城样	470×240×120	大式建筑的干摆、丝缝、淌白墙、糙砖墙；墁地；檐料；杂料
城砖	大城样	480×240×130	大式建筑的干摆、丝缝、淌白墙、糙砖墙；墁地；檐料；杂料

续表

名称		常见规格 (mm×mm×mm)	适用范围
城砖	二城样	440×220×110	大式建筑的干摆、丝缝、淌白墙、糙砖墙；墁地；檐料；杂料
停泥砖	大停泥	320×160×80	干摆、丝缝、淌白、糙砖墙；墁地；檐料；杂料
停泥砖	小停泥	280×140×70	干摆、丝缝、淌白、糙砖墙；墁地；檐料；杂料
开条砖	大开条	260×130×50	淌白、糙砖墙；檐料；杂料
开条砖	小开条	245×125×40 256×128×51.2	淌白、糙砖墙；檐料；杂料
四丁砖		240×115×53	
地趴砖		420×210×85	
方砖	尺二方砖	400×400×60	小式建筑墁地；博缝；檐料；杂料
方砖	尺四方砖	470×470×80	大、小式建筑墁地；博缝；檐料；杂料
方砖	足尺七方砖	570×570×60	大式建筑墁地；博缝；檐料；杂料
方砖	形尺七方砖	550×550×60	大式建筑墁地；博缝；檐料；杂料
方砖	二尺方砖	640×640×96	大式建筑墁地；博缝；檐料；杂料
方砖	二尺二方砖	704×704×112	大式建筑墁地；博缝；檐料；杂料
方砖	二尺四方砖	768×768×144	大式建筑墁地；博缝；檐料；杂料
方砖	金砖(尺七～二尺)	同尺七～二尺四方砖规格	宫殿建筑室内墁地；杂料

现代常用的古建筑砖料名称、规格及适用范围（南方）　表 3-5

名称	常用规格（mm×mm×mm）	适用范围	名称	常用规格（mm×mm×mm）	适用范围
八五青砖	210×100×40	砌墙、砖细	墙砖	400×200×40	砌墙
城砖	420×200×100	砌墙、砖细	尺八方砖	576×567×80	铺地
	420×190×65	砌墙	尺六方砖	512×512×70	铺地
	400×190×70	砌墙	方砖	450×450×60	铺地、砖细
大金砖	720×720×100	铺地		430×430×50	铺地、砖细
	660×660×80	铺地		380×380×40	铺地、砖细
小金砖	580×580×80	铺地		310×310×35	铺地、砖细
双开砖	240×120×25	砌墙、砖细	砖细单砖	215×100×16	砖细
条砖	400×200×40	砌墙、砖细	细古望砖	210×120×20	铺椽上
万字脊花砖		砌屋脊	望砖	210×105×14	铺椽上、砖细挑线
压脊砖		砌屋脊	夹望砖	210×115×30	铺椽上、砖细挑线
装饰条砖	200×45×15	砖细	黄（皇）道砖	170×80×34	铺地、砖细
	240×53×15	砖细		165×75×30	铺地、砖细
方砖	530×530×70	铺地、砖细		150×75×25	铺地、砖细
	500×500×70	铺地、砖细			

（三）灰　　浆

古建工程所用灰浆种类繁多，素有“九浆十八灰”之说。常见的灰浆类型、配比及制作要点见表 3-6。

常见灰浆类型、配比及制作要点 **表 3-6**

名称		主要用途	配比及制作要点	说明
按灰的调制方法分类	泼灰	制作各种灰浆的原材料	生石灰用水反复均匀泼洒成为粉状后过筛。现多以成品灰粉代替	宜放置 20d（成品灰粉掺水后放置 8h）后使用以免生灰起拱；存放时间不宜超过 3 个月
	泼浆灰	制作各种灰浆的原材料	泼灰过细筛后分层用青浆泼洒，放至 20d 后使用。白灰：青灰＝100：13	存放时间不宜超过 3 个月
	煮浆灰	室内抹灰；配制各种打点勾缝用灰	生石灰加水搅成细浆，过细筛后发胀而成	煮浆灰类似用现代方法制成的灰膏，但加水量较少且泡发时间较短，故质量更好。不宜用于室外抹灰或苫背
	老浆灰	丝缝墙、淌白墙勾缝	青灰、生石灰浆过细筛后发胀而成。青灰：生灰块＝7：3 或 5：5（视颜色而定）	用于丝缝墙应呈灰黑色，用于淌白墙颜色可稍浅
按有无麻刀分类	素灰	淌白墙、糙砖墙、琉璃砌筑	泼灰或泼浆灰加水调制。砌黄琉璃用泼灰加红土浆，其他颜色琉璃用泼浆灰	素灰指灰内没有麻刀，但可掺颜色

续表

名称			主要用途	配比及制作要点	说明
按有无麻刀分类	麻刀灰	麻刀灰	苫背；小式石活勾缝	泼浆灰加水，需深颜色时加青浆，调匀后掺麻刀搅匀。灰∶麻刀＝100∶5	
		中麻刀灰	调脊；瓦；墙面抹灰；堆抹墙帽	各种灰浆调匀后掺入麻刀搅匀。灰∶麻刀＝100∶4	抹面层灰麻刀量可酌减
		小麻刀灰	打点勾缝	调制方法同大麻刀灰。灰∶麻刀＝100∶3	麻刀剪短，长度不超过1.5mm
按颜色分类	纯白灰		金砖墁地；砌糙砖墙、淌白墙；室内抹灰；重要宫殿瓦		即泼灰（现多用成品灰粉），室内抹灰可使用灰膏
	月白灰	浅月白灰	调脊；瓦；砌糙砖墙、淌白墙；室外抹灰	泼浆灰加水搅匀。如需要可掺麻刀	
		深月白灰	调脊；瓦；琉璃勾缝（黄琉璃除外）；淌白墙勾缝；室外抹灰	泼浆灰加青浆搅匀。如需要可掺麻刀	
	葡萄灰		抹饰红灰墙面；黄琉璃勾缝	泼灰加水后加红土粉加麻刀搅匀。白灰∶红土粉∶麻刀＝100∶6∶4	
	黄灰		抹饰黄灰墙面	泼灰加水后加土黄粉加麻刀搅匀。白灰∶土黄粉∶麻刀＝100∶5∶4	

续表

名称		主要用途	配比及制作要点	说明
按专项用途分类	扎缝灰	瓦（wa）瓦时扎缝	月白大麻刀灰或中麻刀灰	
	抱头灰	调脊时抱头	月白大麻刀灰或中麻刀灰	
	节子灰	瓦时勾抹瓦脸	素灰适量加水调稀	
	雄头灰	瓦时挂抹雄头	小麻刀灰或素灰	黄琉璃瓦掺红土粉，其他均掺青灰
	护板灰	苫背垫层中的第一层	较稀的月白麻刀灰 灰：麻刀＝100：2	
	夹垄灰	筒瓦夹垄；合瓦夹腮	泼浆灰、煮浆灰加适量水或青浆，调匀后掺入麻刀搅匀。 泼浆灰：煮浆灰＝5：5；灰：麻刀＝100：3	黄琉璃瓦应将浆灰改为泼灰，青浆改为红土粉。 白灰：红土粉＝100：6
添加其他材料的灰浆	裹垄灰	筒瓦裹垄	泼浆灰加水调匀后掺入麻刀。灰：麻刀＝100：3	
	油灰	细墁地面砖棱挂灰	细白灰粉（过箩）、面粉、烟子（用胶水搅成膏状），加桐油搅匀。白灰：面粉：烟子：桐油＝1：2：0.7：2.5	可用青灰面代烟子，用量视颜色定
		宫殿建筑柱顶安装铺垫、栏板柱子勾缝	泼灰加面粉加桐油调匀。 泼灰：面粉：桐油＝1：1：1	
	砖面灰（砖药）	干摆、丝缝墙面及细墁地面打点	砖面经研磨后加灰膏。砖面与灰的比例根据砖色定	

续表

名称		主要用途	配比及制作要点	说明
添加其他材料的灰浆	掺灰泥	瓦；墁地	泼灰与黄土拌匀后加水。灰：黄土＝3：7	黄土以粉质黏土较好
	滑秸泥	苫泥背	与掺灰泥制作方法相同，但应掺入滑秸（麦秸或稻草）。灰：滑秸＝10：2（体积比）	可用麻刀代替滑秸
白灰浆	生石灰浆	瓦沾浆；石活灌浆；砖砌体灌浆	生石灰块加水搅成浆状，过细筛除去灰渣	用于石活可不过筛
	熟石灰浆	砌筑灌浆；墁地坐浆	泼灰加水搅成浆状	
江米浆（糯米浆）		重要建筑的砖、石砌体灌浆	生石灰浆内兑入江米浆和白矾水。灰：江米：白矾＝100：0.3：0.33	
月白浆	浅月白浆	墙面刷浆	白灰浆加少量青浆，过箩后掺适量胶类物质。白灰：青灰＝10：1	
	深月白浆	墙面刷浆；布瓦屋面刷浆	白灰浆加青浆。白灰青：灰＝100：25	用于墙面刷浆应过箩，并应掺适量胶类物质
桃花浆		砖石砌体灌浆	白灰浆加黏土浆。白灰浆：黏土浆＝3：7	
青浆		青灰背、青灰墙面赶轧刷浆；布瓦屋面刷浆；琉璃瓦（黄琉璃除外）夹垄赶轧刷浆	青灰加水搅成浆状后过细筛	兑水2次以上时，应补充青灰
烟子浆		筒瓦檐头绞脖；眉子、当沟刷浆	黑烟子用胶水搅成膏状，加水搅成浆	

续表

名称	主要用途	配比及制作要点	说明
红土浆	抹饰红灰时的赶轧刷浆；黄琉璃瓦夹垄赶轧刷浆	红土粉兑水搅成浆状兑入适量胶水	
包金土浆	抹饰黄灰时的赶轧刷浆	土黄粉兑水搅成浆状兑入适量胶水	

注 1：生石灰、青灰的块末比均以 5∶5 为准。

注 2：配合比除注明者外均为重量比。

（四）瓦工常用工具

1. 常用工具名称及用途（图 3-1）

根据工艺、施工要求、成品效果等差异派生出各式的瓦作工具，如常见的砌墙工具：瓦刀；抹灰工具：抹子、鸭嘴、灰板等；尺类工具：平尺、方尺、活尺、扒尺等；墁地平整工具：礅锤、木宝剑等；砖加工类工具：刨子、斧子、扁子与木敲手、煞刀、磨头、鉴子、矩尺等。

瓦刀：用铁或钢制作，呈刀状，是瓦作砌墙、瓦（wa）瓦最主要的必备工具之一。

抹子：用于墙面抹灰、屋顶苫背、筒瓦裹垄（但不用于夹垄）。古代的抹子比现代抹灰用的抹子小，前端更加细尖，由于比现代的抹子多一个连接点，所以又叫“双爪抹子”。

鸭嘴：抹灰工具之一，一种小型的尖嘴抹子，多用来勾抹普通抹子不便操作的窄小处，也用于堆抹花饰。

平尺：用薄木板制成，小面要求平直，短平尺用于砍砖的画直线，检查砖棱的平直等。长平尺叫平尺板，用于砌墙、墁地时检查砖的平整度，以及抹灰时的找平、抹角。

方尺：木制的直角拐尺，用于砖加工时直角的画线和检查，

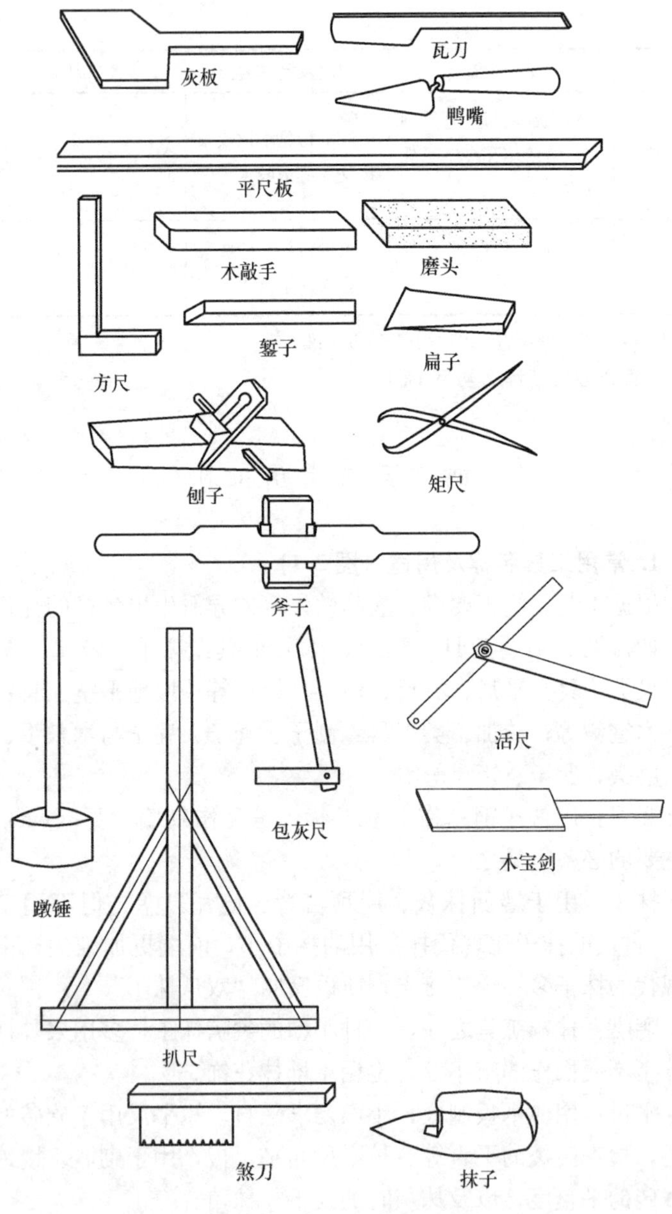

图 3-1　瓦作常用工具

也用于抹灰及其他需用方尺找方的工作。

活尺：又叫活弯尺，角度可以任意变化的木制拐尺。可用于“六方”改“八方”角度的画线和施工放线等。

扒尺：木制的丁字尺，丁字尺上附有斜向的“拉杆”，拉杆既可以固定丁字尺的直角，本身又可形成一定的角度。扒尺主要用于小型建筑的施工放线时的角度定位。

灰板：木制的抹灰工具之一，前端用于盛放灰浆，后尾带柄，便于手执，是抹灰操作时的托灰工具。

蹾锤：砖墁地的工具，用于将砖蹾平、蹾实。近代多用皮锤代替。

木宝剑：又叫木剑，短而薄的木板或竹片制成，用于墁地时砖棱的挂灰。

刨子：砖加工的工具之一，与木工刨子相仿，用于砖表面的刨平。

斧子：砖加工的主要工具，用于砖表面的铲平和砍去肋面多余的部分。

扁子：砖加工工具，用短而宽的扁铁制成，前端磨出锋刃。使用时以木敲手敲击扁子，用于打荒，打掉砖上多余的部分。

木敲手：砖加工的工具，指便于手执的短枋木，与扁子配合使用。

煞刀：砖加工工具，用铁皮做成，铁皮的一侧剪出一排小口，用于切割砖料。

磨头：砖加工的工具，用于砍砖或砌干摆墙时的磨砖。

錾子：砖加工的工具，用铁条制成扁方、方形、圆形，前端磨出锋刃。用于钉窟窿、打眼、雕刻。

矩尺：砖加工的画线工具，把两根前端尖的铁条接成剪刀叉状。用于画圆、画曲线。

制子：度量工具。多用小木片制成，用起来比尺子简便，也不容易出错。

2. 不同使用类型常用工具

古建筑瓦作工具因砍砖、基础、地面、墙体、屋面等不同类型的施工，结合各自特点其工具的使用皆有不同。

(1) 砍砖常用工具

1) 手工工具可包括：刨子、斧子、扁子、錾子、木敲手、磨头、包灰尺、平尺板、直尺、方尺、八字尺、煞刀子、划签、盒尺、制子、磨刀石、刷子、笤帚、矩尺、小锯、木锉、砂纸等。

2) 辅助设施可包括：砍砖棚子、砖桌子、手推车、成品库房等。

(2) 基础夯筑（土作）常用工具

1) 手工工具：木夯、筛子、搂耙、铁拍子、拐子、笤帚、水桶、杠尺、铁锹等。

2) 机具：蛙式打夯机、振动冲击夯、轻型振动压路机等。

(3) 墙体砌筑常用工具

1) 砖砌体砌筑通常应置备以下工具：

①手工工具：平尺板、水平尺、方尺、矩尺、盒尺；小线、线坠；托灰板、瓦刀、大铲、铁抹子；錾子、小鸭嘴儿、耕缝溜子；铁锹、三齿、二齿；半截灰桶、小水桶、水管子；棕毛刷、小排刷和磨头等；

② 机具：和灰机、麻刀机和手推车等。

2) 石砌体砌筑通常应置备以下工具：

①手工工具：盒尺、方尺、线坠、墨斗、剁子、锤子、大锤、铁锹、半截灰桶、小水桶、水管子、撬棍等；

②机具：麻刀机、和灰机、云石机、倒链、杠杆车和手推车等。

(4) 苫背、瓦瓦、调脊常用工具

1) 手工工具：铁锹、三齿、二齿、瓦刀、鸭嘴、双爪抹子或小轧子、小刷子；

2) 辅助工具：筛子、塑胶水管、梯子板、帘绳、小线、粉笔、浆桶、灰桶、灰槽子、小水桶、笤帚、平尺板、杠尺、盒尺、泥模子、手推车、灰盘。

3）机具：麻刀机、打灰机、云石机。

（5）墁地常用工具：

1）手工工具：瓦刀、木宝剑、蹾锤或皮锤、水平尺、平尺板、小线、盒尺、方尺、灰桶、粗细磨头、扁子、木敲手、浆桶、铁锹、棕刷子、筛子等。

2）辅助设施：砍砖棚子、砖桌子、手推车、成品库房等。

3）机具：切砖机、无齿锯、灰浆搅拌机、手执热风枪等。

（五）常用测量仪器（水准仪、经纬仪）

1. 水准仪

水准仪主要由望远镜、水准器和基座三个主要部分组成。水准仪的主要功能是测量两点之间高差，是根据水准测量原理，为水准测量提供水平视线，并借助带有分划的水准标尺读数，然后可以根据已知点的高程，推算出未知点的高程。它不能直接测量待测点的高程，只能通过已知高程的点来推算待测点的高程。

水准仪有DS05、DS1、DS3、DS10等几种不同精度的仪器。DS05型和DS1型水准仪称为精密水准仪；DS3型水准仪为普通水准仪，用于一般工程水准测量。

水准仪的使用一般包括安置仪器、粗略整平、瞄准水准尺、读数等步骤。水准仪测量时应该整平，使圆气泡居中才能进行水准测量，同时每次读数时U型气泡还需对准。

2. 经纬仪

经纬仪由基座、照准部和水平度盘三部分组成。经纬仪的主要功能是测量两个方向之间的水平夹角和竖直角，此外借助水准尺，利用视距测量原理，它还可以测量两点间的水平距离和高差。

经纬仪有 DJ07、DJ1、DJ2、DJ6 等几种不同精度的仪器。"07"、"1"，"2"、"6" 是表示该类仪器的精度，通常在书写时省略字母 D。J07、J1、J2 型经纬仪属于精密经纬仪，J6 型经纬仪属于普通经纬仪。在建筑工程中，常用 J2 和 J6 型光学经纬仪。

经纬仪的使用一般包括安置仪器、对中整平、瞄准目标、度盘读数方法等步骤。经纬仪使用时必须对中、整平，水平度盘归零。

（六）常用瓦作机具的维护与保养

古建瓦作施工过程中，常用材料除了砖瓦外便是灰浆，故此为了满足现场施工需求，相应的瓦作机具便随之而生，同时为保证其稳定工作，对其的维护与保养便变得尤为重要，下面将列举几个常用的机具对其的维护与保养进行讲解说明。

1. 灰浆搅拌机维护及保养（图 3-2）

1）机器应安放在干燥及防雨的环境中。

2）使用完毕务必将筒内及搅拌叶用清水擦洗干净（长期不使用者可在筒内及叶片表面上涂抹防锈油）。

3）经常注意使用后紧固件是否松动，及时拧紧。

图 3-2　灰浆搅拌机

4）投料时严禁在原材中夹入铁钉、铁丝等硬物以免损坏机械。

5）减速箱使用一段时间后，要检查其润滑油位的高低，及时补充到观察孔能看到油面，油质为30号的机械油。

6）如遇修理倾倒时，必须先将油盘内的积油放尽，平时一季度换油一次。

2. 打麻刀机维护保养方法（图3-3）

1）打麻刀机的轴承担负机器的全部负荷，所以良好的润滑对轴承寿命有很大的关系，它直接影响到机器的使用寿命和运转率，因而要求注入的润滑油必须清洁，密封必须良好。

2）新安装的轮箍容易发生松动，必须经常进行检查。

3）注意机器各部位的工作是否正常。

4）注意检查易磨损件的磨损程度，随时注意更换被磨损的零件。

5）机器应放在稳固的地面上，应除去灰尘等杂物以免机器遇到不能打开麻刀时损坏机器的情况，以致发生严重事故。

图3-3　打麻刀机

6）转动齿轮在运转时若有冲击声应立即停车检查，并消除。

7）轴承油温升高，应立即停车检查原因并加以消除。

3. 麻刀打灰机的维护保养（图3-4）

1）保养机体的清洁，清除机体上的污物和障碍物。

2）检查各润滑处的油料及电路和控制设备，并按要求加注润滑油。

3）每班工作前，在搅拌筒内加水空转1～2min，同时检查离合器和制动装置工作的可靠性。

4）麻刀打灰机运转过程中，应随时检听电动机、减速器、

图 3-4　麻刀打灰机

传动齿轮的噪声是否正常，温升是否过高。

5）每班工作结束后，应认真清洗麻刀打灰机。

四、基础营造

（一）地　　基

地基指建筑物基础以下的部分，承受全部建筑物荷载的土层或岩石。

1. 地基的分类

地基分为天然地基和人工地基。凡具有足够的承载力和稳定性，不需经过人工加固，可直接在其上建造房屋的土层称为天然地基。岩石、碎石土、砂土、黏性土等，一般可作为天然地基；而当土层的承载能力较低或虽然土层较好，但因上部荷载较大，必须对土层进行人工加固，以提高其承载能力，满足变形的要求，这种经人工处理的土层，称为人工地基。

2. 地基的处理方法

古建筑地基处理一般比较简单，主要为原土夯实。当遇到软弱地基时，常综合采用多种处理手段，从已掌握的实物资料看主要有两种，一种是换土法，另一种是密实加固法。

（1）换土法：换土法是将基础底面下一定深度范围内的软弱土层、杂填土层挖出去，换填无侵蚀性的低压缩性散体材料，分层夯实，作为地基的持力层。基础大面积换填碎砖黏土层并交替夯实，所构成的基底持力层，它的稳固性和承载力都是非常安全可靠的。

（2）密实加固法：密实加固法主要是指打桩，以桩加固土层。从已见实物资料看，桩多打在粉砂层上。随着承载力要求的不同，用桩的数量、密度及粗细都不一样。古代的木桩用在土质松散地带，挤密土层，固定砂层，使桩与土、砂共同组成坚固的持力层。

（二）基 础 类 型

基础是建筑物的地下结构部分，它承受并传递着建筑物的压力，是保证建筑物稳固的重要部分。对基础的埋置深度、牢固程度、施工做法及场地土质情况等都有严格的要求及试验手段。做好基础是保证建筑物建成后能稳固地竖立在地面上的基本条件。古建筑的基础是指木柱以下部分，有柱础、磉墩。通常也将磉墩下面的人工地基算在基础之内。

1. 天然石基础

天然石基础在古代建筑中是一种特殊的地基。古代建筑有些建在半山腰，利用山坡布置殿宇，凿岩开山，开辟出屋基，将地下的岩石凿成柱础。在利用自然的岩石作为建筑的基础时，需要掌握岩石的构成及其承载能力，因地制宜才能保证建筑的稳固。

2. 素土夯实基础

利用夯土做基础，在我国建筑工程中有着悠久的历史，是明代以前早期建筑基础的常规做法，仅遗存于极少数次要建筑、部分民居与临时性构筑物的基础中。近代建筑中素土夯筑的做法一般多用在基底，做素土夯实。素土夯实适用于地面垫层，至清代，在大式建筑中虽已不多见，但在小式建筑中还是较常采用的。采用素土夯实做法的土质分类要求虽不像灰土那么严格，黏性土或砂性土均可，但应比较纯净，不应掺有落房土、杂土、种植土等。

3. 灰土夯实基础

灰土由于具有一定的强度，不易透水，所以可以做建筑物的基础和地面垫层等。古建筑灰土常见配比3∶7、4∶6或5∶5等，垫层应分层夯筑。每一层叫作“一步”，有几层就叫作几步，最后一步称为“顶步”。

4. 砌筑基础

使用砌筑体作为建筑基础最早见于明代建筑。其基础常用砖或石材（卵石、方石）砌筑磉墩（即柱础下砌体），以及在砖磉之间砌筑拦土墙，或采用满堂砌筑。砌筑所用灰浆的泥灰比为3∶7或4∶6，在宫殿建筑中大多用纯白灰浆砌筑。

5. 木桩基础

古代建筑使用的桩基本是木桩，木材坚韧耐久，适用于常年处在地下水位以下的基础材料，最常见的是柏木桩，也称“地钉”，地钉做法一般用于土质松软的基础、人工土山上的建筑基础，是利用土和桩的摩擦力来防止建筑沉降。

6. 碎砖基础

碎砖黏土基础是对夯土基础做法的改进和提高。在夯土中加入石渣、碎砖、瓦片等，以提高基础的抗压强度。

7. 混合基础

混合基础是对素土基础做法的改进和提高，在夯土中加入石渣、碎砖、瓦片等，以提高基础的抗压强度。

（三）定位、放线

1. 龙门桩（板）相关知识

（1）龙门桩（板）的设置：是施工“放线”的标志。施工时沿建筑物和构筑物四周钉设龙门桩，作为控制建筑物和构筑物的位置。龙门桩上钉设龙门板，用以控制建筑物和构筑物高程和平面布局尺寸（图4-1）。

（2）龙门板标写：依次标注平、中、进、出、升等。

2. 单体建筑局部定位的基本方法

（1）定“水平点”：所谓“水平”，相当于建筑中基础的“±0.000点”。水平点决定着建筑的柱高和总高度。

（2）找“中”：决定着建筑物的方位。在古建筑基础施工中所需用的“中”有建筑物的中轴线、各种面阔和进深中线及各种

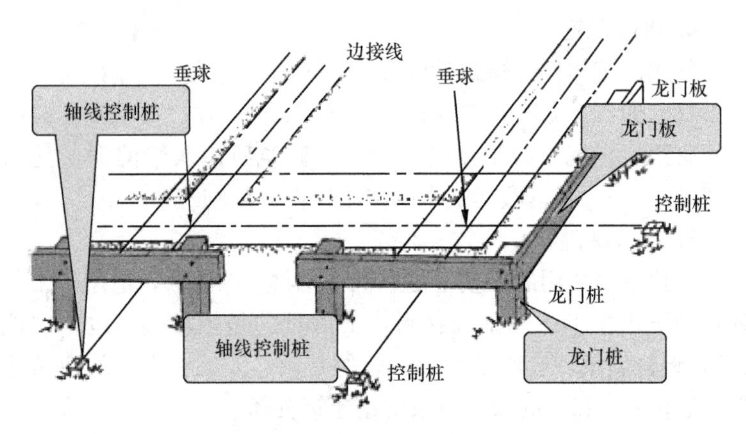

图 4-1　龙门桩、龙门板

墙体的中线等。

（3）定“升”：古建筑施工中“升”是指檐柱柱脚外移，“升”的大小一般为 7/1000～1/100。磉墩按升线位置定位。

（四）台 基 构 造

1. 普通台基的构造

（1）素土垫层：基槽最底层的基础层，常见 1～2 步素土夯实垫层。

（2）灰土垫层：基础中磉墩、栏土之下的灰土层。

（3）磉墩：柱基的基础，位于柱顶石之下，单独承受柱荷载。

（4）拦土：基础中各磉墩之间的联系墙。常见拦土墙与磉墩不咬合，墙体砌筑高度可低于磉墩或与磉墩持平（图 4-2）。

（5）柱顶石：以柱径加倍定尺寸，柱顶石传递上部荷载，还有隔潮的功能。

（6）埋头：台基转角处安置的石构件，位于阶条石之下，土衬之上的石料。由于转角位置不同，有出角埋头、窝角埋头、单

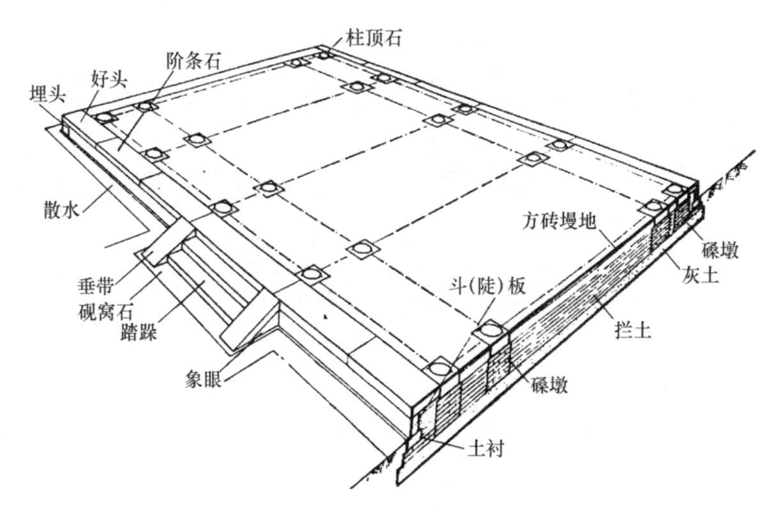

图 4-2　磉墩与拦土关系示意

埋头、厢埋头、如意埋头、褡裢埋头等，一般搭对安装（图 4-3）。

图 4-3　埋头石

（7）土衬：台基中最底层的石构件（图 4-4）。

（8）斗（陡）板：台基中位于阶条之下、土衬之上的石构件（图 4-5）。

（9）阶条石：台基顶端的一层石构件，也称台明石。它下面是埋头和陡板，后口与柱顶石基本持平，端头安装“好头石”，中间安装阶条石，前口略低于后口，找泛水用。一般分单数安装（图 4-6）。

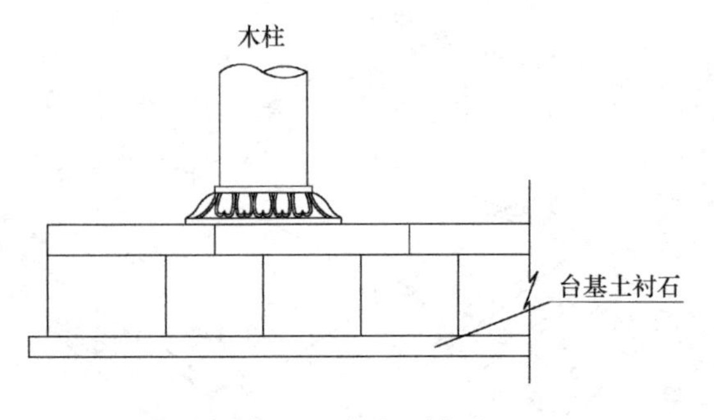

图 4-4　台基土衬石

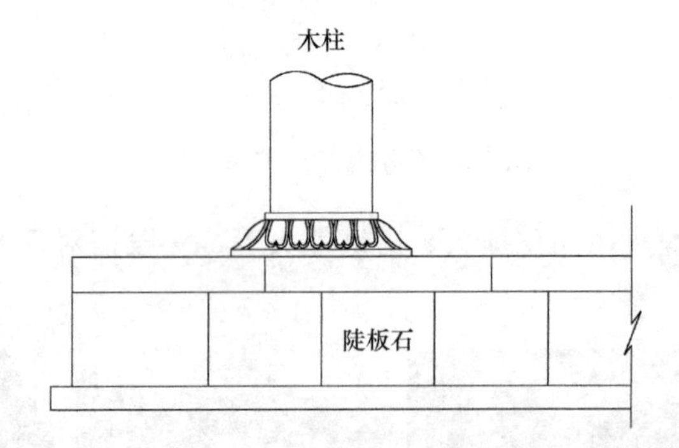

图 4-5　陡板石

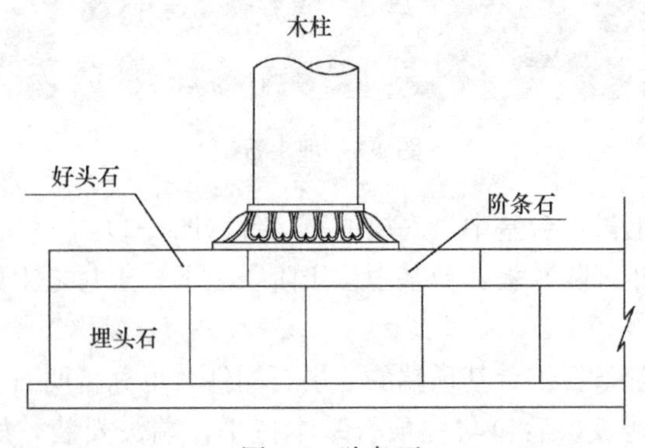

图 4-6　阶条石

（10）垂带台阶：它由砚窝、土衬、象眼、垂带、踏跺等石构件做成（图 4-7）。台阶中踏跺中最下面的一级称为砚窝石，后口接平头土衬，台阶两侧同时安装象眼和坡形的垂带，最后安装踏步。

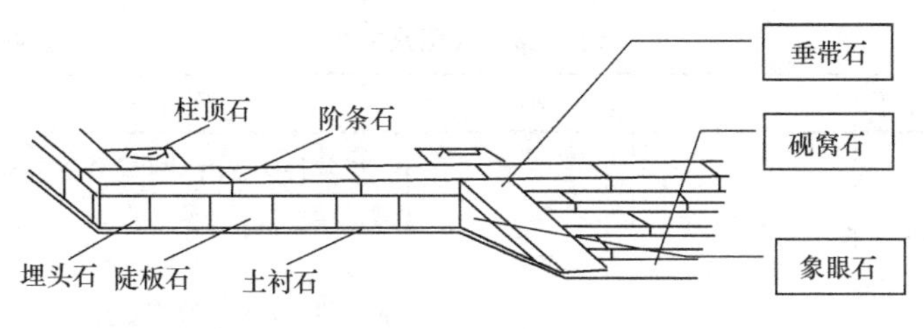

图 4-7　垂带台阶

2. 须弥座台基的构造

它是高等级的台基，是由多层石构件叠涩而成，主要由土衬、圭角、下枋、下枭、束腰、上枭、上枋构成，是一种特殊台基形式，做法讲究的须弥座上带精美雕刻（图 4-8），一般多用于宫殿、庙宇等重要建筑。

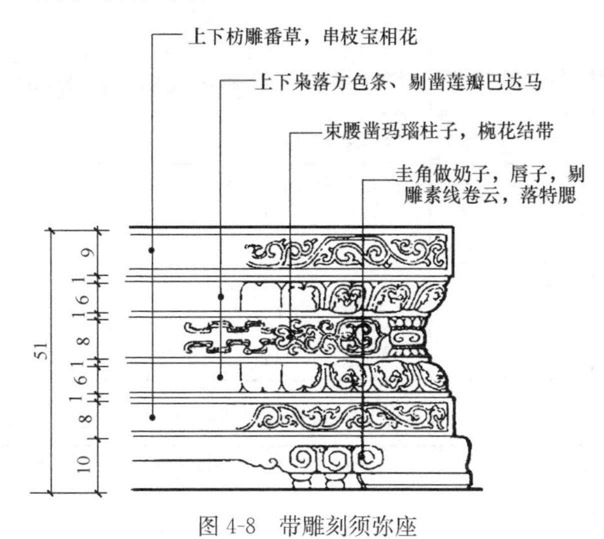

图 4-8　带雕刻须弥座

3. 常见台基构件权衡尺寸

台基各部位构件权衡尺寸的确定主要依据木架梁檩的尺寸，大式、小式建筑有些部位的尺寸有所区别（表 4-1），而与台基有关的石构件权衡尺寸的确定主要依据柱径（表 4-2）。

台基部位权衡尺寸表　　表 4-1

台基部位	大式	小式	备注
台明高	1/5～1/4 檐柱高	1/7～1/5 檐柱高	地势特殊或因功能、群体组合需要酌情增减；月台、配房，应比正房矮一阶，即为一个阶条的厚度；带斗拱者，柱高算至要头
台明总长	通面宽 加山出	通面宽 加山出	台明土衬总长宽应加金边（1 或 2 寸）；施工放线时应注意加掰升尺寸
台明总宽	通进深 加下出檐	通进深 加下出檐	
下出尺寸	2/10～3/10 檐高柱	2/10 檐高柱	硬山、悬山以 2/3 上檐出为宜；歇山、庑殿以 3/4 上檐出为宜；如经常作为通道，可等于或大于上檐出尺寸；硬山建筑后檐墙为老檐出做法的，后檐下出可适当减少
磉墩	2.2～2.5D 见方	2.15～2.3D 见方	柱基础
栏土	2.2～2.5D 见方	2.15～2.3D 见方	磉墩之间
灰土	1～2 步	1 步	城台城墙步数不限
金边	1/10 山柱径～3/10 山柱径，或按 2 寸	1/10 山柱径，或按 1 寸	大式以 1/2 小台阶尺寸为宜

台基相关石构件权衡尺寸表　　表 4-2

构件名称	宽（D=柱径）	厚（D=柱径）	备注
柱顶石	2D 见方	D	鼓镜 1/5D
阶条石	1.2～1.6D	0.5D	

续表

构件名称	宽（D=柱径）	厚（D=柱径）	备注
角柱石	同墀头下碱宽	0.5D	
陡板石		0.2D	
土衬石		0.2D	
砚窝石	10寸左右	4～5寸	
踏跺石	10寸左右	4～5寸	
垂带石	1～1.4D	0.5D	
金边石	1/2D	0.5D	

备注：见方=长×宽

（五）基础做法

1. 基础的开挖

古建筑基础的开挖主要有三种，即挖沟槽、“满堂红”大开挖及独立基础。沿柱下磉墩与拦土两侧一定范围内进行开挖称为“挖沟槽”，现代称为“挖地槽”，沟槽的特征是其长向与短向之比大于3，常用于小式建筑及一般大式建筑中。基础采用全部开挖的做法称为“满堂红”，又称为“一块玉儿”，常用于重要的宫殿建筑及大式建筑，“满堂红”做法的优点是既可以更好地防止基础不均匀沉降，又能将建筑与自然土壤有效地隔开，因此对建筑防潮十分有利。但这种做法的缺点是造价较高。如果灰土的步数较少(1～2步)，或基础“埋深”较浅时，柱顶部位的灰土可以做独立基础，一般适用于荷载较轻的或基础埋深较浅的建筑等。

2. 灰土做法

(1) 灰土的选材：白灰宜选用杂质少、颜色洁白、出灰率高、块末比适宜、无过期、无失效（如冻结、脱水硬化）的生石灰，过筛后方可使用，生石灰的技术指标如表4-3所示。黄土宜采用未扰动过的土，并用筛子过筛，去除杂质，土质黏性好、无砂性、无冻块、无粉化的为好，绝不可用落房土代替黄土。

生石灰的技术指标 **表 4-3**

项目	钙质生石灰			镁质生石灰		
	优等品	一等品	合格品	优等品	一等品	合格品
CaO+MgO 含量（%）不小于	90	85	80	85	80	75
未消化残渣含量（5mm 圆孔筛余）（%）不大于	5	10	15	5	10	15
CO_2（%）不大于	5	7	9	6	8	10
产浆量（L/kg）不小于	2.8	2.3	2.0	2.8	2.3	2.0

注：钙质生石灰氧化镁含量≤5%，镁质生石灰氧化镁含量>5%。

（2）配合比：在一般小式建筑的基槽中，灰土配合比宜为 3∶7或 4∶6（体积比），散水或回填用灰土配合比宜采用 2∶8；在大式建筑、官式建筑或重要建筑的基槽中，灰土配合比不应小于 4∶6 或 5∶5。配合比检验除使用量具、称重外，还可根据灰土的颜色、土的质地、黏度、灰的质量等因素做出初步判断。

（3）步数：古建灰土基础应分层夯实。每铺一层叫作“一步”，有几层就叫几步，最后一步又叫顶步。小式建筑的灰土步数为 1～2 步，一般大式建筑的灰土多数为 2～3 步，宫殿、城台建筑的灰土步数可多达三十余步，甚至更多步。

（4）厚度：基础灰土厚度一般宜为虚铺 20～25cm，夯实 15～20cm。

（5）含水率：因受到土的颜色、作业环境、季节施工的影响，判定灰土干湿程度的经验做法是“手捏成团，落地即散”。

（6）打夯：人工打夯宜采用直径 100mm 左右的木夯，第一遍夯窝应一夯挨着一夯连续夯打，第二遍夯窝必须压着前一夯的 1/2 连续夯打，以后逐次夯打数遍，直至夯实为止。每次夯打过程中，将夯窝之间挤出的灰土用夯重点打平，然后用平锹将灰土铲平，继续夯打。每遍按以上程序反复夯实数次，直至灰土表面无浮土，光亮平整。

（7）试验：每步灰土用环刀取样，送实验室做干容重试验。

（8）灰土养护：注意季节性施工，常规下养护不少于2～3d。

3. 砖砌基础做法

（1）砖砌磉墩

磉墩是支撑柱顶石的独立基础砌体。按磉墩的连做方式可以分为单磉墩、连二磉墩、连四磉墩。做成在一根柱子的柱顶石下砌筑一个磉墩，该磉墩与其他磉墩不发生任何联系，称“单磉墩”。单磉墩依据其位置命名，金柱下的叫“金磉墩”，檐柱下的叫“檐磉墩”，磉墩面积大于柱顶石，周围留出金边尺寸（大式2 寸，小式 1.5 寸）（图 4-9）。当两个磉墩连做时，称为“连二磉墩”（图 4-10），适用于建筑中檐柱与金柱之间距离较近的情形。除了单磉墩和连二磉墩之外，在有周围走廊建筑的转角处，当檐柱与金柱之间距离较小时还可能出现四个磉墩连做的情形，即连四磉墩。磉墩的砌筑方式可以做成蓑衣磉、马蹄磉形的磉墩（图 4-11）。常见整砖错缝砌筑，磉墩上安放柱顶石，然后再立柱子。

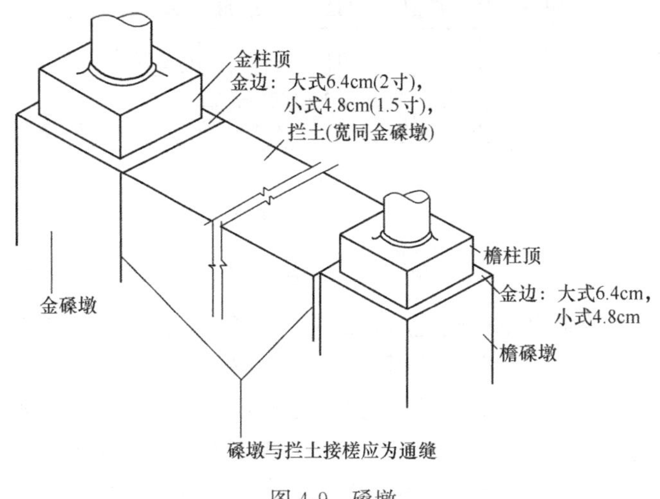

图 4-9　磉墩

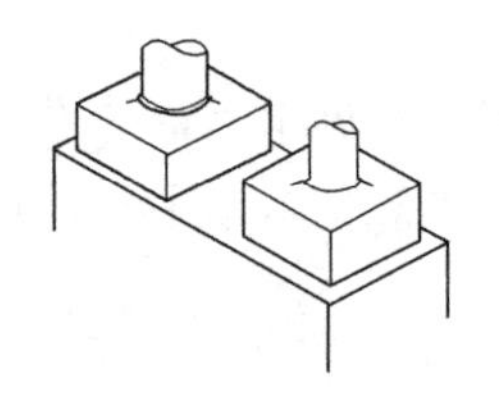

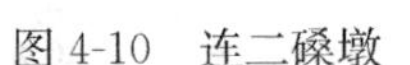

图 4-10　连二磉墩

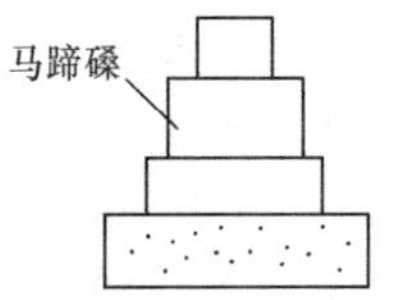

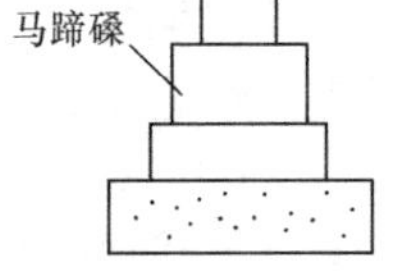

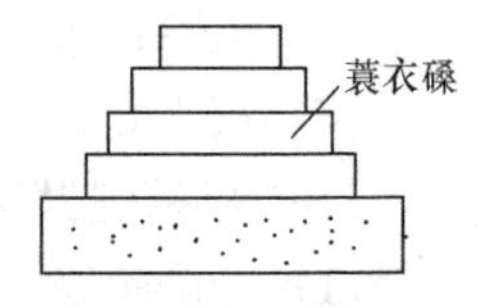

图 4-11　蓑衣磉、马蹄磉形的磉墩

（2）砖砌拦土：位于磉墩之间的砌体称为拦土（图 4-12、图 4-13）。磉墩与拦土将基础划分为多个空腔，中间回填素土或灰土，其砌筑顺序是先码磉墩后掐拦土。磉墩与拦土各为独立的砌体，以通缝相连，少数古建筑基础中将二者连在一起，一次砌成，这种做法叫做“跑马柱顶”。采用错缝或十字缝均可，常见拦土与磉墩之间均不咬槎相连。可选用各类传统砖（整）料或石材，也可以砖石混合使用。砌筑灰浆有灌浆砌筑和满铺灰浆砌筑两种。

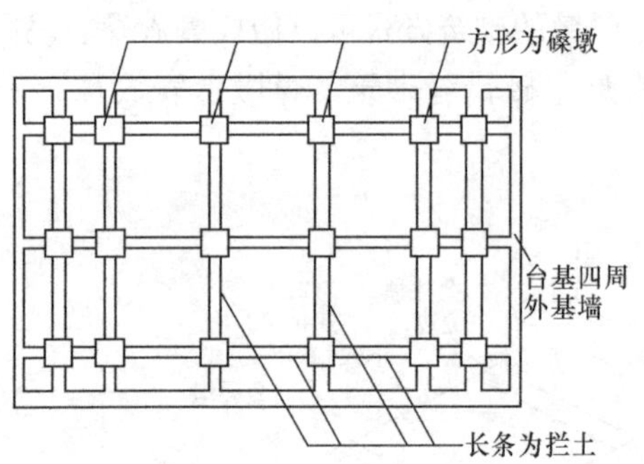

图 4-12　磉墩与拦土平面

（3）砖砌台基

常见整砖基础砌筑宜用城砖或各类条砖，砖缝排列形式为三顺一丁等。常见露明台基用琉璃砖或石材砌筑，官式建筑的石台基常用陡板石做法。常见的也有用虎皮石、卵石或碎拼石板等石料包砌台帮做法。其他使用不同材料砌筑的台基，如阶条、角柱和土衬用石料，其余用砖砌成，或阶条、角柱和土衬用石料，其

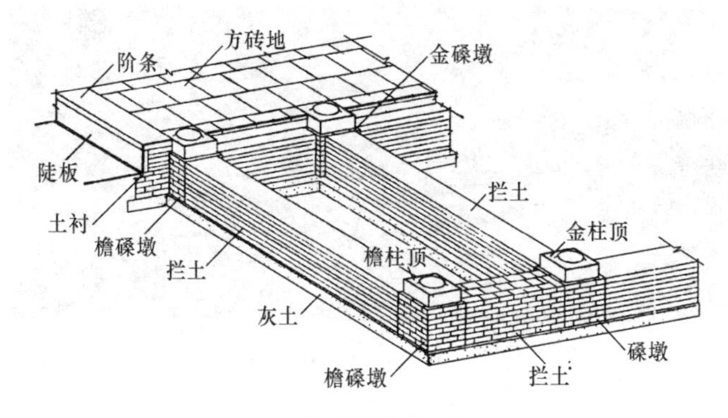

图 4-13　磉墩与拦土透视

余用琉璃砌成。

4. 块石基础做法

（1）毛石（虎皮石）的砌筑流程（铺灰法）：选料→垒角→拴线→砌筑→填馅→灌浆→勾缝→养护。一般用于磉墩、拦土和台帮墙砌筑。

（2）条石的砌筑流程（铺灰法）：选料→撂底→拴线→铺灰、砌筑→勾缝→养护。一般用于露明的台基、台帮砌筑。

（3）方整石的砌筑流程（灌浆法）：撂底、拴线→摆筑、背山→勾缝→灌浆→养护。一般用于规整石台基、台帮砌筑。

5. 桩基基础做法

（1）木桩基的操作程序：准备就位 →稳桩 →夯桩→送桩 →检查验收→移桩位→逐次打桩。

（2）木桩基的排列形式：梅花桩和莲三桩多用于柱顶下的基础，马牙桩和排桩多用于墙基，棋盘桩多用于满堂红基础（图 4-14、图 4-15）。

（3）打桩过程中，遇见下列情况应暂停，并及时纠正：①木桩发生变形；②桩身突然发生倾斜、位移或有严重回弹；③桩顶或桩身出现严重裂缝或破损。

待全部桩打完后，按设计标高进行检查验收。

图 4-14　木桩

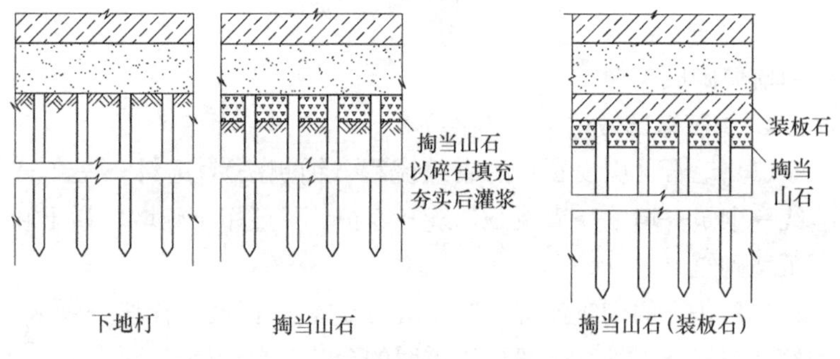

图 4-15　桩点排列

冬期在冻土区打桩有困难时，应先将冻土挖除或解冻后进行。

五、地面营造

（一）地面类型

1. 按位置分：古建筑地面分为室内地面、室外地面。室内地面以细墁地面为主，材质有砖地面、石材地面等（图 5-1）；室外地面有细墁地面、糙墁地面两种，材质有砖地面、石材地面、石子地面等。

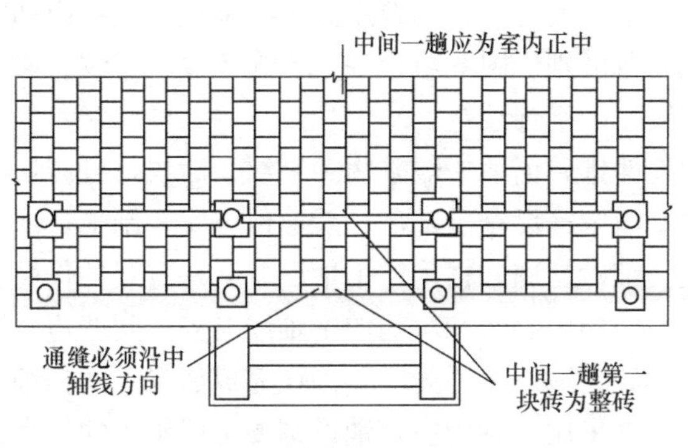

图 5-1　室内地面

2. 按材质分：古建筑的铺装材料受制于古代的科技水平，主要包含卵石、碎石、砖材、石材、瓦片、瓷片等经过粗加工的天然材料和泥土烧制材料，故地面类型可分为砖地面、石板地面、砖瓦地面、石子地面等。

3. 按形式分：古建筑铺装按铺贴形式主要分为墁地铺装、类似于墁地铺装的石材铺地以及花街铺地。其中墁地铺装主要指块料材料按一定的组合铺设于地面，古建筑地面以砖墁地做法为主，砖墁地包括方砖类和条砖类两种。方砖类包括各种规格的方砖，以及用于宫殿建筑的金砖等；条砖类包括城砖、地趴砖、停泥砖、四丁砖等。城砖和地趴砖可统称为“大砖地”，停泥和四丁砖可统称为“小砖地”。这些方砖也都是泥土烧制而成，由于是缺氧烧制，烧砖土中的铁离子都是以氧化亚铁形式存在，故而颜色显现青灰色。

（二）常见地面铺装做法

古建筑一般的地面构造分为四个部分，即素土垫层、地面垫层、结合层和铺装面层。

（1）排砖铺地做法

排砖铺地一般是专指砌筑用砖进行铺地。在室内和室外具体铺设形式有所区别。图案组合一般有人字纹、席纹、回纹、回方纹、一字纹、十字锦纹等。

室内地面排砖铺地一般采用一字纹、席纹，且砖块以平卧为主。古代室内中铺设排砖基层一般原位夯实、刮平，铺设一层细砂后铺设。细砂是用来精确整平地面并起一定缓冲作用。铺设时应以一块整砖的中心线和房间的中轴线对齐，到墙边再镶嵌边角料。室内排砖一般以干铺为主，铺设完成后在上面扫细砂进行嵌缝加固。室外采用立砌为主，铺设则要考虑雨水的排水方向，除了对路基的夯实处理外，一般都会在土路基上铺设碎石垫层，然后用砂子刮平打底，再在上面铺设砖块，铺设完成以后扫入细砂进行嵌固。常见室外排砖组合有十字缝、对缝、拼缝、斜缝、交叉缝等（图 5-2）。

（2）花街铺地做法（南方）

花街铺地是指用砖、瓦、石片、卵石、瓷缸片等材料铺成各种图案花纹的地面做法，铺地色彩多用不同材质本身颜色来勾勒线条和填充色块。颜色以淡黄、棕色、褐色、黑色、青灰色为主。一般是用几种材质混合铺装组成图案，多以海棠、梅花等植

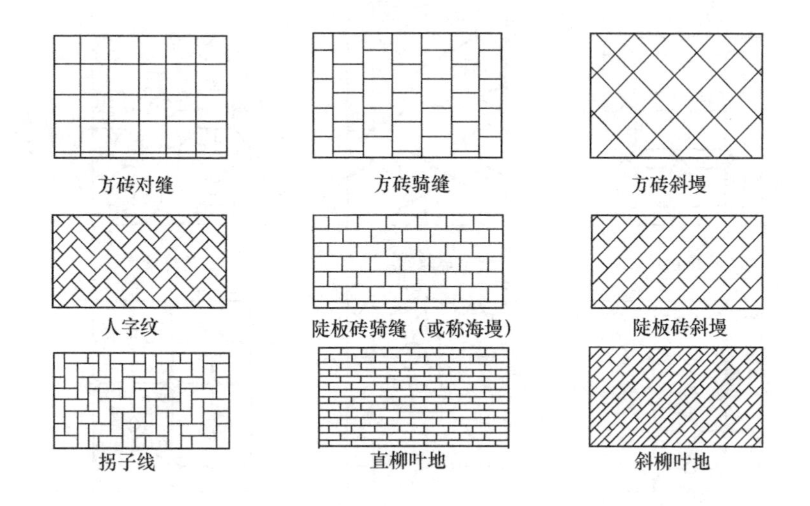

图 5-2　排砖式样

物形象，仙鹤、鱼、金蟾等动物形象以及“福”、“禄”、“寿”等文字出现，这在中国传统文化中都有吉祥如意等美好寓意。另外也有纯用砖瓦的，《营造法原》图版标注的图案有八角景式、冰纹式、八角灯景式、海棠菱花式、十字海棠式、套方金钱式、金钱海棠式、万字海棠式等（图 5-3）。还有以砖瓦作图案界限，镶以各种散碎材料组成铺地的。

南方盛产各种颜色及质地的卵石，一般以多种颜色的卵石组合镶拼成各种图案的卵石里面，有一个形象的名称叫作“石子画”。更多的则是砖、瓦、石材、瓷片等材料和卵石结合起来的铺地。在苏州古典园林中有许多花街铺地（图 5-4）。

花街铺地一般都在室外，院落之内的空间内铺设，一般作为游园路和小块集中地的铺装。

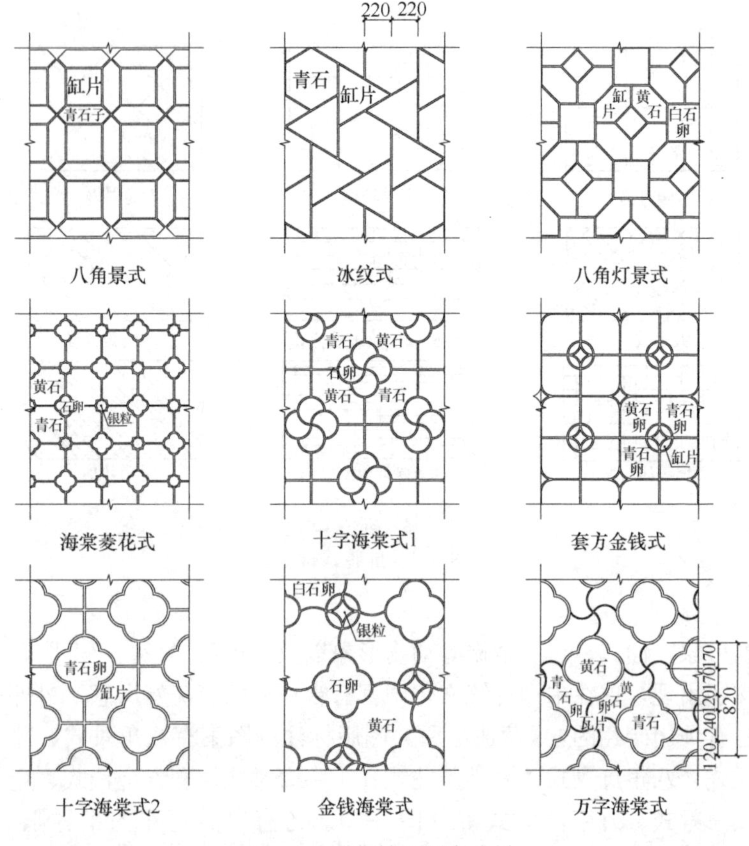

图 5-3　花街铺地图案式样

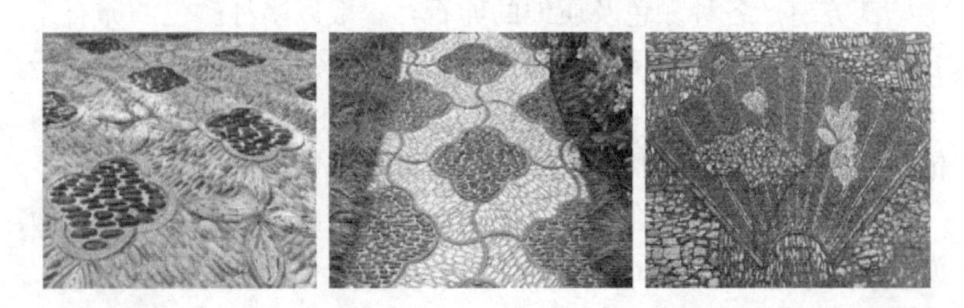

图 5-4　苏州古典园林中的花街铺地

（三）地面铺装操作工艺

1. 排砖铺地做法

（1）细墁地面（北方）

细墁地面是一种高等级的地面做法，不惜砖料成本，工艺讲究。一般用于室内或室外地面铺墁。细墁地面除抄平、垫层、冲趟外，还需要完成样趟、揭趟、浇浆、上缝、挂油灰、铺墁、铲齿缝、刹趟、打点、墁水活、钻生等工序，使砖露出真砖实缝即可。其特点：砖料应经过砍磨加工，加工后的砖规格统一标准，棱角完整挺直、表面平整光洁。地面砖的灰缝很细，表面经桐油浸泡，地面平整、细致、洁净、美观，坚固耐用。

细墁地面多用于大式或小式建筑的室内，室内细墁地面一般都使用方砖。按照规格的不同，有“尺二细地”、“尺四细地”等不同做法。小式建筑的室外细墁地面多是用尺寸偏小的方砖或停泥砖，大式建筑的室外细墁地面除使用方砖或地趴子砖外，还常使用城砖陡板（图5-5）。

图5-5　室外陡板细墁地面

1）操作流程：垫层夯实→抄平、弹线→冲趟→样趟→揭趟、浇浆→上缝→铲齿缝→刹趟→打点→墁水活→钻生等。

2）具体做法

a）垫层处理：挂通线检查平整度，对局部凹凸处进行补土（素土或者灰土）、夯实或铲平。古代没有混凝土，重要的宫殿建筑讲究的做法，常以墁砖的方式作为垫层，起到现代混凝土基层的作用。

b）抄平、弹线：按设计标高抄平，室内地面可按平线在四面墙上弹出墨线，室外地面可钉木桩，弹出平线，控制地面高低。廊心地面应向外找“泛水”。

c）冲趟：在两端拴好曳线并各墁一趟砖，即为“冲趟”。室内方砖地面，应在室内正中再冲一趟砖。室外大面积墁地可冲数趟。

d）样趟：在两道曳线间栓一道卧线，以卧线为标准铺泥墁砖。砖应平顺，砖缝应严密。

e）揭趟、浇浆：将墁好的砖揭下来，搬移出趟，检查铺墁灰浆的情况，低洼之处可做必要的补垫，然后在泥上泼洒白灰浆。浇砖时要从每块砖的右手位置沿对角线向左上方浇。

f）上缝：用薄木片在砖的里口砖棱处抹上油灰。为确保灰能粘住，砖的两肋要沾明矾水刷湿，应注意刷水的位置要稍微靠下，不要刷到棱上。挂完油灰后把砖重新墁好，然后手执墩锤，木柄斜朝下，木柄在砖上连续戳动前进即为上缝。缝要严，砖棱应跟线。

g）铲齿缝：用竹片将表面多余的油灰铲掉即“平起油灰”，然后用磨头或砍砖工具将砖与砖凸起的部分磨平或铲平。

h）刹趟：以卧线为标准，检查砖棱，如有凸出，要用磨头磨平。

i）打点：砖表面如有残缺或砂眼，要用砖面加白灰膏配制成同砖颜色一致的砖药，将砖表面打点齐整。

j）墁水活：将地面重新检查一下，如有凹凸不平，要用磨头沾水磨平。磨平之后将地面全部沾水揉磨一遍，最后擦拭干净。

k）钻生：钻生即钻生桐油，地面全部干透后，在地面上倒桐油，厚度可为 30mm 左右。钻生时要用灰耙来回推搂，钻到渗不进去为止，随后刮去桐油，再用掺入青灰的生石灰粉（拌颜色与砖接近）撒在地面上，吸收桐油，停留 3d 以后刮去即可，最后用湿布擦干净。

3）注意事项

a）砍磨加工的砖，砍磨质量必须符合要求，棱角直顺，大面平整，四边有转头肋。

b）细墁地面的灰泥结合层不要铺得太薄，厚度以 40～50mm 为宜。

c）挂油灰刷水时容易把水刷在砖棱上面，造成油灰弄脏砖的表面，刷子沾水后应轻甩一下再刷。

d）钻生时地面必须彻底干透，桐油浸泡时间不宜小于 12h。

e）室外墁地要考虑到进入冬季前地面应干透，未干时应采取必要的防冻保温措施。

f）地面施工应尽量安排在整体工程的最后阶段进行。

（2）糙墁地面（北方）

糙墁地可视为细墁做法中的简易做法，一般用于室外地面铺墁。糙墁地面是在抄平、垫层、冲趟、逐趟后直接坐浆铺墁，不揭趟、不上缝、不挂油灰、不刹趟、不墁水活、也不钻生，只是将砖墁好后，用白灰或砂子将砖缝守严扫净即可。墁地所用的砖料仅要求达到"干过肋"，不磨面。

1）操作流程：垫层夯实→抄平、弹线→冲趟→逐趟铺墁→守缝→清扫。

2）具体做法：糙墁地面是一种低等级的地面铺装做法，较比细墁地面砖料、工艺略有降低。

a）垫层夯实：首先进行垫层处理，将基础面夯实，修平。

b）抄平、弹线：按设计标高抄平，弹出平线，作为控制墁地的标高控制线。

c）冲趟：在线弹好以后进行冲趟，所谓冲趟就是先在两头放置两块砖，调整好位置，然后拉上麻线，作为控制墁地的线型和标高，如同砌墙时在墙的两头拉定皮线起到相同的作用。冲趟可以多做几道，注意房屋中线应处在整块砖的中心位置。

d）逐趟铺墁：铺砖就是铺墁，糙墁地不需要揭墁，直接铺砖，称为“坐浆墁”。用三七灰土进行坐浆，坐浆厚度40～50mm。

e）守缝：墁完地面应及时用扫帚将白灰扫进砖缝内进行填缝，应守严守实。

f）清扫：墁完地面，应清扫干净。

3）注意事项

a）糙墁地面的掺灰泥不宜铺得太薄，厚度以40～50mm为宜。

b）室外墁地要考虑进入冬期施工前地面应干透，未干时应采取必要的防冻保温措施。

（3）黄道砖铺地（南方）

在中国古典园林中用黄道砖铺砌甬路，也就是现代的园林小路。用黄道砖平、横、斜铺装成人字纹、席纹、间方纹、斗纹等各种图纹。这些图纹的铺装特点是砖直立（长条扁面朝上）（图5-6），即相互垂直铺砌，这样能够增加砖铺地的耐磨性和稳定性。

图5-6　上海植物园黄道婆纪念馆内的黄道砖铺地

1）工艺流程

素土夯实→基层找平、铺筑灰浆结合层→黄道砖铺筑、整型→灌缝。

2）操作要点

a）素土夯实：素土采用机械夯实，密实度必须达到设计要求。

b）基层垫层：古代是采用砂灰浆、三合土或掺灰泥，现代则是采用碎石垫层、混凝土垫层等。

c）面层铺装：面层是最重要的施工工序。操作要点如下：

黄道砖铺设的结合层可用砂灰浆、熟灰浆、掺灰泥或直接用河砂铺设：在室内铺设前先要试铺，即在室内拉出中心线，在中心的两个和建筑开间和进深垂直的方向以干砂铺底试排，用以确定砖的数量和缝隙大小；试铺后将砂撤去，按计算的需砖量自门口向建筑内的三个方向摊铺结合层，逐条铺设，这样可保证入口处地面砖的完整。如在室外路面铺设，必须先按路样将路侧石安装好，然后按"先中间、后两边"的铺设顺序铺设，为有利排水，铺设时必须将中间微微拱起。铺设完成后，必须对凸起处路面的砖面进行磨平处理。

对于甬路先做黄道砖地面周边的"牙子砖"，相当于现代道路的侧石，因此要先进行铺筑，用水泥砂浆作为垫层，并且捂牢。

（4）金砖铺地

金砖铺地属于细墁地做法中的高级做法，金砖是产于苏州郊外的一种特别定制的砖，颜色乌黑如钨金，敲击有金属声，故称之为金砖。

1）北方地区做法

金砖墁地的操作方法与细墁地面大致相同。不同的是：

a）金砖墁地一般不用泥，而用干砂或纯白灰。如砂子或白灰过多时，可用铁丝将砂或灰轻轻勾出。

b）如果用干砂铺墁，不浇浆，改为"打揪子"。在每块砖下的四角各挖一个小坑，在小坑内装入白灰。以此作为稳固措施。

c）用干砂铺墁的，每行刹趟后还要用灰“抹线”，即用灰把砂层封住，不使砂外流。

d）将钻生改为“钻生泼墨”做法。在钻生之前要用黑矾水涂抹地面。黑矾水的制作方法是：把10份黑烟子用酒或胶水化开后与1份黑矾混合，将红木刨花与水一起煮熬，待水变色后将刨花除净，然后把黑烟子和黑矾倒入红木水中一起煮熬直至变为深黑色为止。趁热把制成的黑矾水泼洒在地面上（分两次泼），待地面干透后再钻生。钻生后还可以再烫蜡，即将四川白蜡熔化在地面上，然后用竹片把蜡铲去，并用软布将地面擦亮。金砖墁地在泼墨后也可以不钻生而直接烫蜡。

2）南方地区做法

在南方古建筑中常用金砖铺装在室内或回廊地面。结合层与黄道砖铺地大致相同。

金砖铺地的工艺流程：拉线、试铺→铺结合层→铺筑金砖→表面补眼、磨光→上油。

操作要点如下：

a）拉线、试铺：方法和黄道砖相同，即在建筑开间和进深垂直的方向以干砂铺底试排，用以确定砖的数量、缝隙大小、结合层的厚度和边砖的切割尺寸。

b）铺结合层：按试铺的厚度要求，自门口开始按开间方向从外到内摊铺结合层，每次推铺的范围不应过大，一般按单块金砖铺筑，厚度可适当高出按水平线确定的结合层厚度的1～2mm。

c）铺筑金砖：将金砖平稳铺设在结合层面上，并按水平拉线的高度检查砖面水平，如发现过低，过高或倾斜，必须将砖翻起后补浆或剔浆。以调整结合层厚度直至砖面和水平线齐平；再取下砖块，用油灰刀将预先调制好的桐油石灰勾在砖的侧面，然后原位放平并在砖面铺木板，以木槌轻击木板面，使金砖平实，根据水平线用水平大尺找平，使金砖四角平整，对缝；锤击时要用力均匀，保持缝隙宽度，使砖块不至移位，对挤出砖面的桐油石灰随时铲除清理。

d）表面补眼、磨光：因金砖为烧制品，难免存在气泡和砂眼，因此在金砖地面铺设完成后还要用砖面灰进行补眼，待砖面灰硬化后，再对钻面进行平整度加工，对凸起部位进行打磨找平。

e）上油：上油一般即在铺就的砖面上刷两道生桐油，其主要目的为强化砖地面的耐磨性；如为重要古建筑，则需要先在砖面上刷两道生桐油，用麻丝搓擦后再涂刷 1～2 遍的光油。

2. 花街铺地做法

花街铺地一般都在室外，院落之内的空间内铺设，一般作为游园路和小块集中地的铺装（图 5-7）。

图 5-7　上海古华公园花街铺地

（1）工艺流程：测量放样→素土夯实→基层垫层→砂浆结合层→面层铺装。

（2）操作要点

1）测量放样：测量放样可以与园林中的其他园路、小广场一起进行，采用水平仪、经纬仪确定花街铺地的中心线、边缘线，测定标高，设置标高桩，待花街铺地的平面位置确定后，可以在花街铺地的中心、边缘，间隔一定的距离设置控制桩，便于花纹图案的放样。同时，在地面基层上绘制出花街铺地的图案。

2）素土夯实：素土采用机械夯实。密实度必须达到设计要求。

3）基层垫层：古代是采用砂灰浆、三合土或掺灰泥，现代则是采用碎石垫层、混凝土垫层等。

4）面层铺装：面层是最重要的施工工序。操作要点如下：

a）准备好铺装的材料，把望砖、蝴蝶瓦或筒瓦进行适当的切割、加工，并镶嵌在图案的边线上，制作图案的纹样。

b）对各色卵石、各色砾石、碎缸片、碎碗瓷及各种彩色矿石进行清洗。

c）先镶嵌、填充小图案内的各色卵石、各色砾石、碎缸片等，再镶嵌、填充大图案内的各色卵石、各色砾石、碎缸片镶嵌填充，最后拼成不同颜色和形状的纹样，用长直尺找平压实。

d）鹅卵石的使用量最大，必须注意的是，在铺设鹅卵石时先要对鹅卵石进行预选，剔除破碎、过大过小、表面毛糙的，尽量选扁圆形的；在铺插时要竖插，不能横放，否则极易脱落；铺插方向需一致而错落布置，忌整齐排列；铺设时必须铺一片、以木板压平击实，以保持铺设表面的平整。铺设完成后如发现有卵石不慎脱落，要及时补嵌。

e）镶嵌、铺装完成后，在砂浆终凝前用木蟹抹压平整，铺装的各种材料插入的深度以三分之二较好，再填入稀砂浆，使铺装材料与灰砂紧密结合。

f）鹅卵石排列的间隙，线条应呈不规则的形状，严禁排列成十字形或直线形。此外，鹅卵石的疏密也应保持均匀，不可部分拥挤、部分疏松。

g）用水泥砂浆铺装的花街铺地，在强度达到设计强度的80％后，即可以采用草酸溶液洗刷表面的水泥浆水，用毛柴帚蘸草酸溶液，泼洒在地面上，用软毛刷轻轻地刷去水泥浆水。

3. 石材地面做法

（1）操作流程：垫层夯实→抄平→弹线→冲趟→浇浆→逐趟铺墁→勾缝→清扫。

(2) 具体做法：石板多为青白石，以颜色与质感近似方砖者为宜。其做法与细墁地面做法相似，但不刹趟、不墁水活、也不钻生。如果石板本身的平整度较差，影响到接缝的平整时，可用錾子将接缝处剔平。

(3) 注意事项：

1) 石板地用水泥砂浆粘结，终凝后应加强洒水养护，使地面在养护期内始终处于潮湿状态。

2) 石板必须浇浆或坐浆，以确保粘结牢固。

3) 石板碎拼或与其他材料混用时，不应超过石板的高度。

4) 粘结的其他材料，粘结的深度不少于原材料的一半。

5) 有砖雕镶嵌的石板地，砖雕宜钻生保护。

(四) 地 面 修 缮

1. 剔补地面

剔补是用锤子、錾子将已经损坏的局部铺装的砖或卵石面进行剔除。砖地面应剔除所有损坏部位，卵石面剔除部位应比损坏面稍大，直到剔除所有已松动部分，然后将新的补充材料用加糯米浆的石灰土重新铺贴粘接（图 5-8）。

图 5-8　地面剔补

1）逐块依次普查与测量，补配砖地面应首先按原样做好记录，然后剔除残损地面砖块，清理基底灰迹。

2）检查基础垫层及垫层处理，补做残毁垫层。

3）按原规制加工砖料及调制灰浆。

4）抄平，找泛水，压线，样活。

5）按原地面做法铺墁添配砖。

6）完成细墁或糙墁地面工序。

7）清扫打点地面。

2. 局部揭墁地面

局部揭墁主要针对损坏的砖铺地面和由于下陷而需要重新铺设的砖铺地面（图 5-9）。揭墁时需用铁锤敲击需要揭墁部位的中间部分，待材料碎裂后再用手铲从中间部位开始剔除这部分砖材，避免破坏旁边的铺装。揭墁以后，再用同种材料，同种结合料将新的块料铺贴下去，对已经下陷部分，用同种垫层材料进行补平后再进行铺筑。

图 5-9　地面局部揭墁

1）局部普查与测量，按照地面碎裂、残缺情况确定局部揭墁范围，高程、排水方向，局部拆除受损旧地面。

2）检查基础垫层，补做残毁垫层，完成垫层处理。

3）按原规制加工砖料及调制灰浆。

4）抄平，找泛水，压线，排砖样活。

5）按原地面做法铺墁添配砖。

6）完成细墁或糙墁地面工序。

7）清扫打点地面。

（五）质量通病及防治

1. 砖料表面加工粗糙

1）现象：细墁地面砖表面有花羊皮，无转头肋，有肉肋、棒槌肋，尺寸不准确。

2）预防：按技术交底和官砖要求加工砖。用制子及时对照官砖，砖表面和尺寸不符合要求不得使用在地面上，杜绝砍砖质量通病。

2. 室内地面排砖不符合要求

1）现象：室内未按要求排砖冲趟。

2）防治：按室内双向冲十字趟排砖，以前檐下槛中向后檐一次排活，门口处排出整活，中间整趟排好后向两山排活。破活排向后檐和两山处。

3. 室外地面排砖不符合要求

1）现象：室外散水、甬路排砖未按要求排砖。

2）防治：散水以中、和出、窝为“好活”向两边排砖。甬路以中心点和路面中向两边排砖。所有破活以趟内排出好活为宜。

4. 地面砖包灰尺寸超过标准

1）现象：细墁地面砖，在砍磨加工时，包灰尺寸过大，方砖超过3mm，陡板、条砖超过5mm。

2）防治：砖加工操作时应采用“晃尺包灰”，注意控制包灰误差。

5. 细墁地面局部表面不平

1）现象：地面相邻砖表面不平或平整度差。

2）防治：加强砖加工管理和验收，做好墁干活、墁水活工序。

6. 细墁地面不干净、混沌

1）现象：未露出“真砖实缝”。对砖表面的砂眼、残缺处的打点（补平）痕迹明显，不自然。

2）防治：提高墁水活、打点质量，配好的砖药颜色要求干透后与原砖比对颜色相近，磨透后再用清水冲净。

7. 糙墁地面勾缝做法错误

1）现象：灰缝勾抹混乱。

2）防治：糙墁地面砖缝需先用竹板划缝，然后用传统工具“鸭嘴或竹板”填实灰浆，并应将灰与表面打点平，而不得用“铁溜子”勾成凹缝。

8. 地面砖不牢、落趟

1）现象：地面空鼓、活动，甚至局部落趟。

2）防治：控制灰泥配合比，灌浆饱满，增强锤击力度，注意地面保护。

9. 地面与石构件平整度误差较大（柱顶、阶条等）

1）现象：地面高出或低于石构件。

2）防治：墁地前应按照石构件的完成标高，局部高于地面误差的石构件，可以通过石工“洗活”找平。

10. 结合料中石灰没有进行熟化

1）现象：接缝爆裂，形成凸起。

2）防治：石灰一定要进行熟化，放置一周冷却以后才能使用。

11. 室外铺装及廊道没有注意泛水

1）现象：卵石铺装面用木板拍平的时候容易做成一个平面，未找出泛水。

2）防治：在拍平时，木板的边线要和泛水界限重合然后按坡度进行拍平，并按坡度进行铺设。

六、墙体营造

（一）墙体类型

1. 按位置分

有山墙、檐墙、槛墙、扇面墙(后金墙)、隔断墙等类型(图 6-1)。

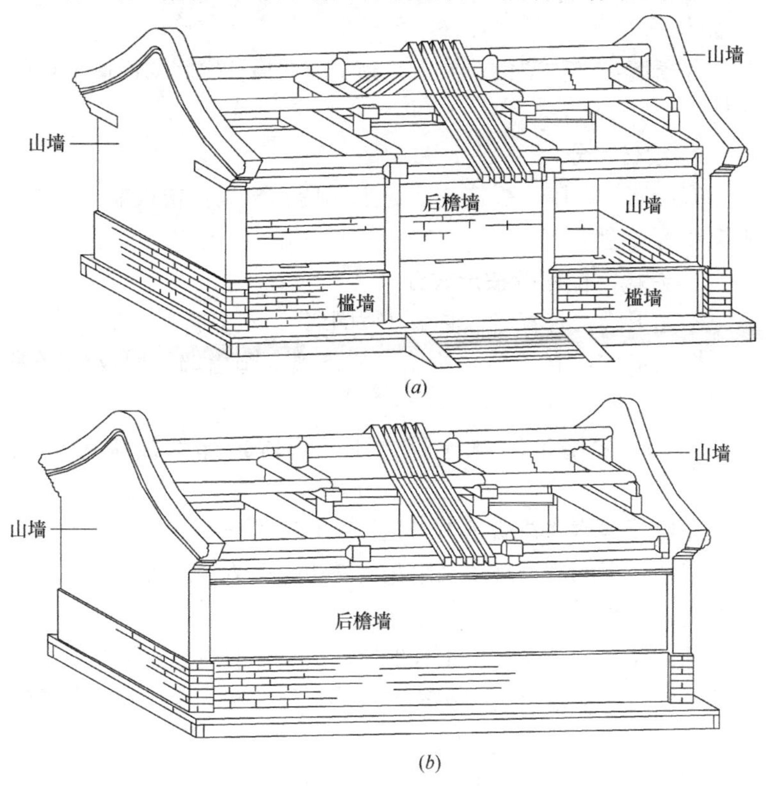

图 6-1　古建筑各类墙体平面布置
(a) 山墙与槛墙；(b) 山墙与后檐墙

山墙：它是位于建筑物两端位置的围护墙，因建筑的形式不同有不同的做法和名称，屋顶为硬山称为硬山山墙，屋顶为悬山称为悬山山墙，依次类推还有庑殿与歇山山墙。在硬山建筑中若山墙伸出屋顶，当毗邻的建筑发生火灾时能有效地阻隔火势蔓延的，又称为封火山墙。

檐墙：它是位于檐檩之下，柱与柱之间的围护墙。在后檐位置为后檐墙，在前檐位置为前檐墙。古建筑中前檐部位一般不设置前檐墙，多为槛墙与槅扇门窗。

槛墙：位于建筑前檐或后檐位置，为槛窗榻板之下的墙体。

扇面墙：又称金内扇面墙，主要指前后檐方向上的金柱之间的墙体。

隔断墙：又称架山、夹山，砌于前后檐柱之间与山墙平行的内墙。

2. 按材料分

有砖墙、石墙、板筑土墙与土坯墙、木墙（栈板墙）、竹木夹泥墙等类型。

3. 院墙、围墙等按形式分

平面形式：有直墙、曲墙（罗圈墙）、八字墙、折线形墙。

立面形式：有云墙、花墙、迭落墙、爬山墙、罗汉墙（图6-2）。

云墙：常用于园林建筑之中，墙体顶部作波浪形起伏变化。

花墙：俗称“花墙子”，墙体上用瓦或砖摆砌成透空图案，常见于墙体顶部或墙身。采用花墙做法既可节省建材，又能起到装饰美观作用。

迭落墙与爬山墙：用于有地形起伏变化的山地建筑群中，若墙顶部断开，沿迭落高差作参差错落状称为迭落墙；若墙顶不断开，随地势上升称为爬山墙。

罗汉墙：墙体在剖面上呈规律性凸凹变化，常见于近代民居的门楼墙腿砌体。

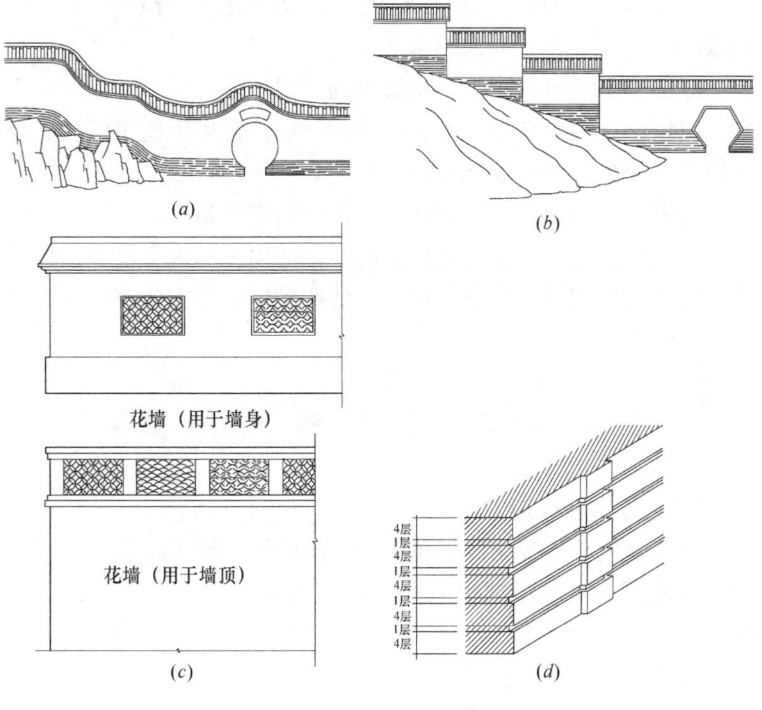

图 6-2　墙体立面形式

(*a*) 云墙；(*b*) 迭落墙；(*c*) 花墙；(*d*) 罗汉墙

4. 按用途分

有院墙、影壁、挡土墙、迎水墙、女儿墙、护身墙、城墙、宇墙、夹壁墙及金刚墙等。

院墙：也称围墙，标志着古建筑群范围的界墙。

影壁：又称照壁或照墙，一种作为大门屏障的墙壁，装饰性极强。

挡土墙：在地形有高差处，用于挡土的墙体。

迎水墙：在河流、池沼水侧，用于挡水的墙体。

女儿墙：是砌筑在平台屋顶、高台或城墙上比较矮小的墙体。

护身墙：在有高差处临空侧设置的具有护身栏杆功能的矮墙。

城墙：是城市、军事寨堡边界的护卫用墙。

宇墙：是用来划分界限和区域的矮墙。常用于庙宇门前、祭坛四周、陵寝建筑中宝城的区域界定。

夹壁墙：即双层墙，墙体中空作为暗室或暗道。

金刚墙：凡是处于隐蔽位置的砖砌体均可称为金刚墙，如博缝砖背后的砖砌体，台基陡板石后的砖砌体，陵寝建筑中用土掩埋的墙体等。

（二）墙 体 构 造

1. 北方山墙构造做法

山墙是位于建筑物两端位置的围护墙体。唐宋时期，山墙多为土坯墙面，为了保护山墙不受风吹雨淋，屋顶多为悬山、庑殿、歇山。明清以来，砖材在墙体中广泛应用，小式建筑的山墙变为以硬山为主。

（1）庑殿、歇山山墙构造

庑殿与歇山建筑在两山部位均有屋檐向外挑出，山墙构造基本相同。

1）山墙的砌筑范围：庑殿与歇山建筑山墙的砌筑范围从台明上皮至山面檐柱额枋下皮。

2）构造特征：立面组成墙体分为三段，分别为下碱、上身、签尖。庑殿、歇山的山墙构造做法等级较高，山墙砌筑组合可以选择干摆到顶、干摆一丝缝组合、干摆（丝缝）一淌白组合、干摆（丝缝）一糙砖抹红灰（黄灰）组合、琉璃一糙砖抹红灰组合等。

（2）悬山山墙构造

悬山建筑山墙有三种构造形式：①挡风板式山墙，墙体砌至两山梁柁底部，梁以上露明，山花、象眼处的空档用木板或陡砖封堵；②五花山墙，墙体沿着排山柱、梁架、瓜柱砌成阶梯状；③整体式山墙，墙体一直砌到椽子、望板下面。其中第①、②种构造做法与庑殿、歇山山墙相似，而第③种做法与硬山建筑相似（图 6-3）。

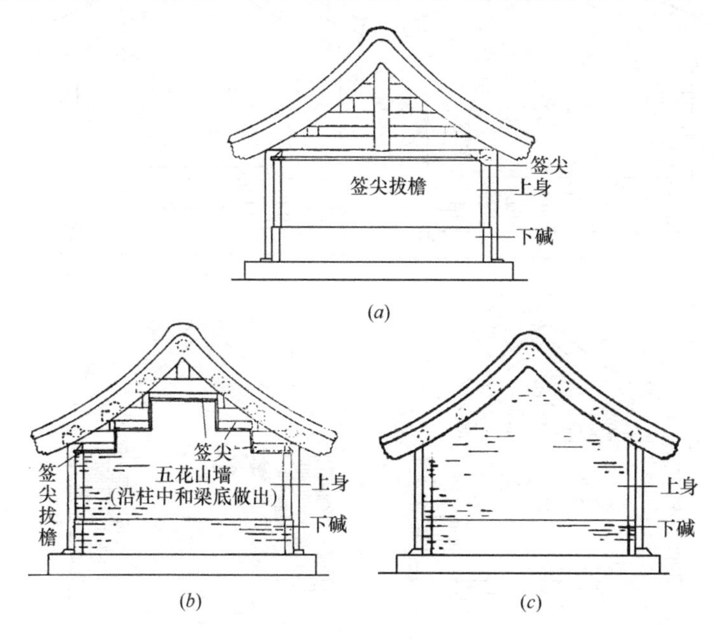

图 6-3　悬山山墙三种形式

(a) 挡风板式山墙；(b) 五花山墙；(c) 整体式山墙

（3）硬山山墙构造

1）硬山山墙外立面

硬山山墙外立面由下碱、上身、山尖、博缝四个部分组成。外立面各部分比例权衡：①下碱：高度为 3/10 檐柱高，采用硬山建筑最高等级做法，并常带有石活，如角柱石、压面石、腰线石。另外在下碱柱根部位，应设置透风砖，以排除柱内潮气。②上身：从下碱（腰线石）上皮至以挑檐（石）上皮为界。上身应比下碱厚度稍薄，退进的部分叫做“花碱”，并采用比下碱低一个等级或相同的砌筑方法，硬山山墙上身形式主要有：整砖上身、抹灰上身和带墙心上身，带墙心上身又分为撞头墙式、五进五出式、圈三套五式三种情况（图 6-4）。③山尖：有整砖或糙砖

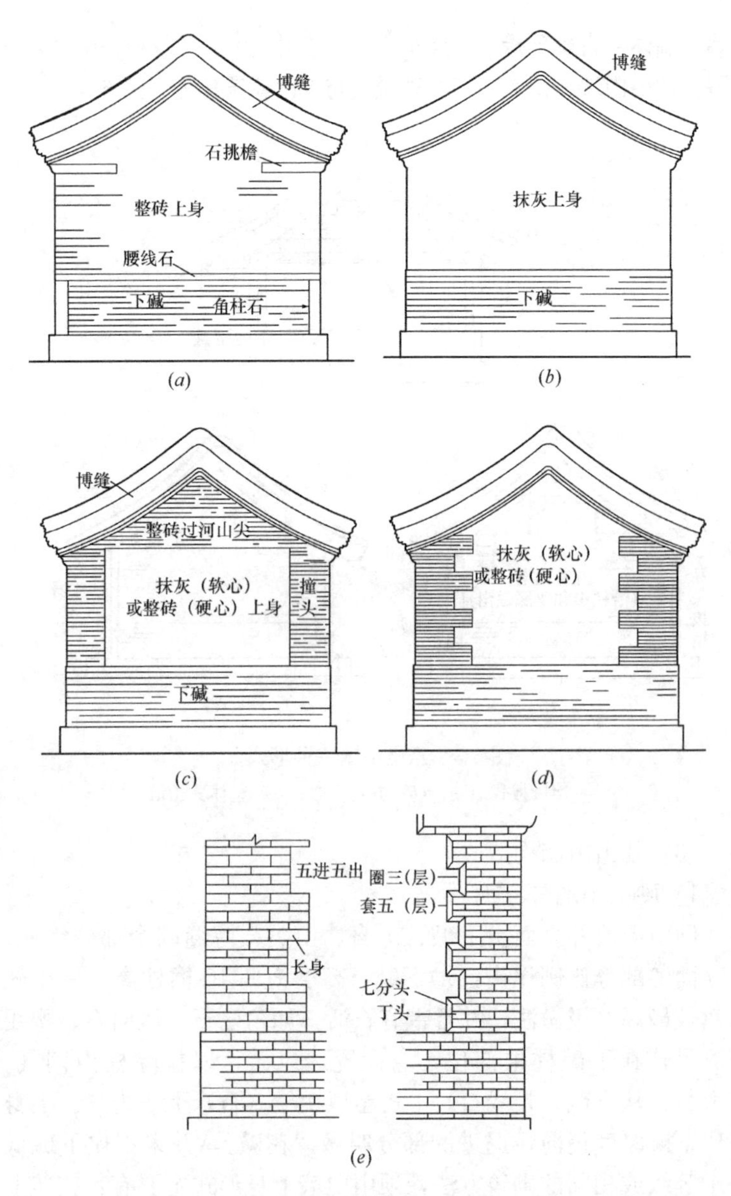

图 6-4　硬山建筑上身形式

（a）整砖上身；（b）抹灰上身；（c）带墙心上身（撞头墙式）；（d）五进五出；（e）圈三套五

抹灰两种砌筑形式。整砖露明并采用三顺一丁砌法时，要求“座山丁”（在山尖对准正脊的位置应隔一层砌筑一块丁砖，称为座山丁）；④砖博缝，由拔檐和博缝两部分组成。拔檐突出墙面1寸左右，多重叠两层，拦截雨水免于直淌墙面。博缝按照材料分有琉璃博缝、方砖博缝（图6-5*a*）和散装博缝（图6-5*b*）三种，按照形式有尖山式和圆山式两种。

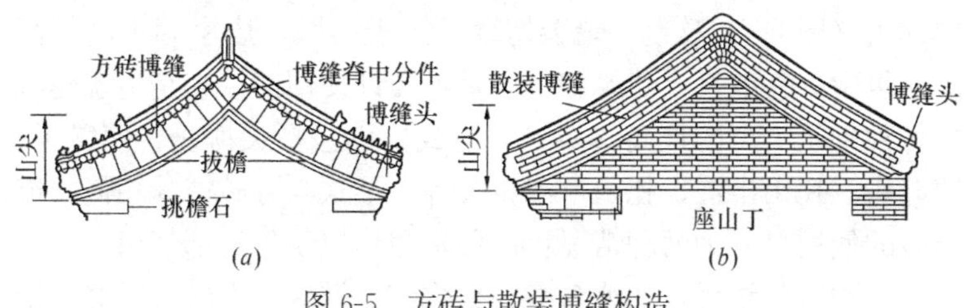

图6-5　方砖与散装博缝构造

（*a*）方砖博缝；（*b*）散装博缝

尖山的式样叫“山样”，共有5种（图6-6）。大式建筑为尖山形式，小式建筑除尖山外，还有苇笠式（圆山）、琵琶式、铙

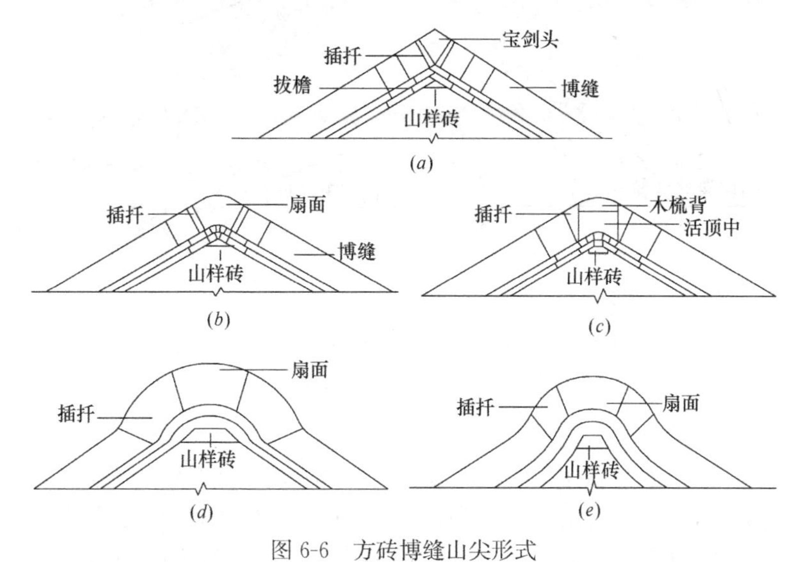

图6-6　方砖博缝山尖形式

（*a*）尖山式；（*b*）圆山式；（*c*）天圆地方式；（*d*）铙钹式（南琴式）；（*e*）琵琶式

钹式和天圆地方式共 5 种。其中尖山和天圆地方为官式做法。尖山最后一层要砌放一块“山样”砖。

方砖博缝由山尖、博缝长身、博缝头三部分组成（图6-5*a*），山尖部分要砍制异形砖，中间博缝板采用方砖，并依屋面倾斜角度加工而成，博缝头仿木博缝头，一般为菊花头样式。散装博缝采用条砖卧砌五层甚至七层，在博缝头位置仍需采用方砖仿照木博缝头（图 6-7）砍制。琉璃博缝只用于宫殿、庙宇等规制较高的建筑中，一般官式建筑和民居是不允许使用的，它是传统建筑中各种砌筑类型的最高等级。其组成构件包括尖博缝、博缝板、博缝头、托山半混、托山半混转头等，形式与方砖博缝相似。琉璃砖的使用可分为两种情况：一种是在建筑物的局部使用，与其他砌筑类型相结合，如冰盘檐、须弥座、槛墙、下碱、博缝、梢子、小红山、仿木构件等；另一种是以琉璃为主，如花门、影壁、塔、牌楼等。

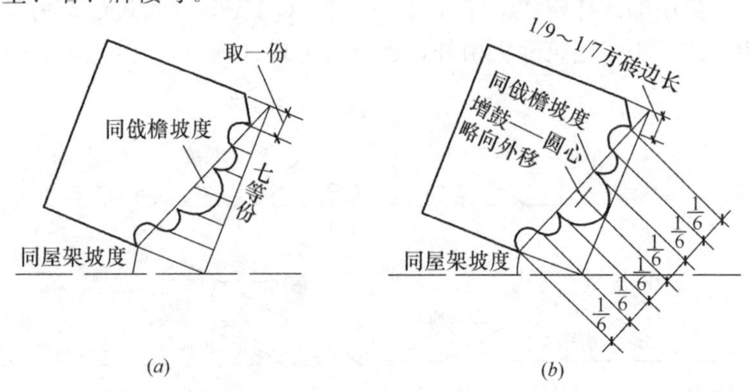

图 6-7　方砖博缝头形式

（*a*）做法一（不增鼓）；（*b*）做法二（增鼓）

2）硬山山墙内立面

硬山山墙内立面由廊墙（廊心墙）和室内墙面组成。廊墙与廊心墙硬山、悬山前出廊建筑中，位于檐柱与金柱之间的山墙称为廊墙。廊墙内表面部分若采用“落膛墙心”装饰的，称为廊心墙。

a）廊墙形式。有廊心墙式、素墙式和门洞式（图 6-8）。

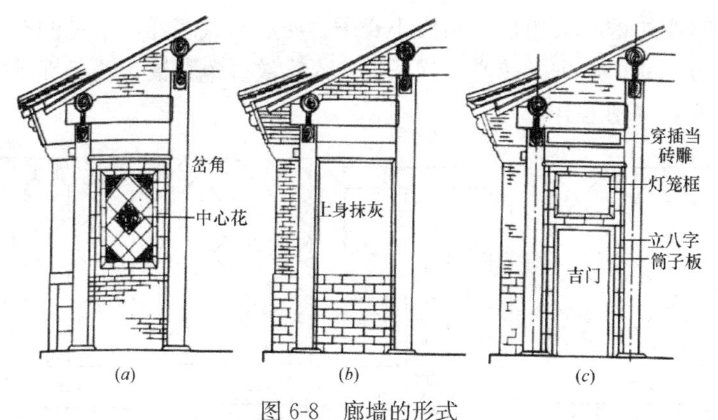

图 6-8　廊墙的形式

(a) 廊心墙式；(b) 素墙式；(c) 门洞式

b）廊心墙各部分组成。廊心墙是廊墙高等级的表现形式，由下碱、落膛墙心、穿插当、山花象眼四个部分组成（图6-9）。落膛墙心是廊心墙主要的装饰部分，由内至外依次为砖心、线枋

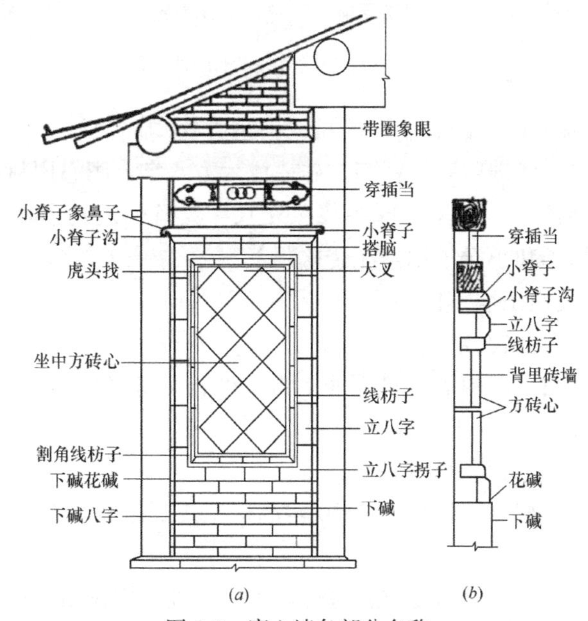

图 6-9　廊心墙各部分名称

(a) 立面图；(b) 剖面图

子（小边框）大边框、顶头小脊子。砖心形式多样，常见的有斜砌方砖心、斜砌条砖心、拐子锦、人字纹、龟背锦、八卦锦等图案样式（图 6-10）。

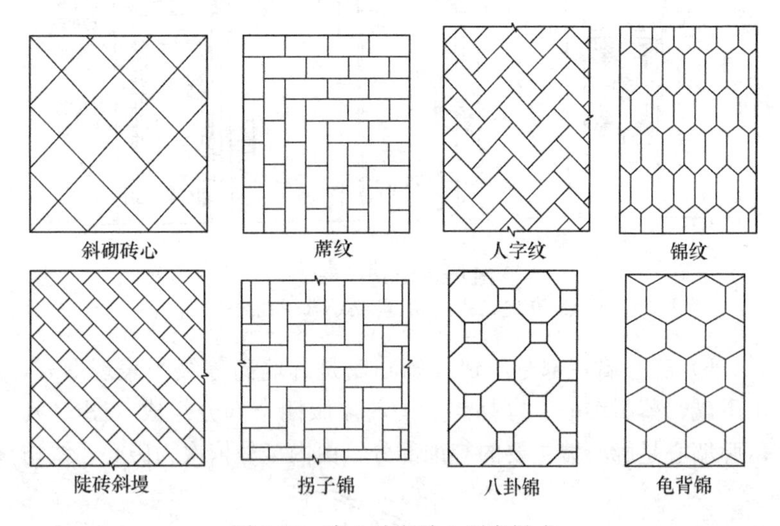

图 6-10　廊心墙方砖心图案样式

c）廊心墙下碱高度、用料、砌筑方法均同山墙下碱。缝子为十字缝，两端留八字柱门，砖砍成六方八字。廊心用料：廊心方砖、穿插当、大叉、虎头找、立八字、搭脑及拐子用方砖砍制；线枋子和小脊子用停泥砖砍制。

3）硬山山墙室内墙面

a）室内墙面组成

硬山山墙室内墙面自下而上由下碱、上身（囚门子）、山花象眼三部分组成（图 6-11）。

b）各组成部分构造做法

下碱：按照檐柱高的 3/10 定高，里皮靠近柱子位置要求砍柱门。

上身：从下碱直至梁枋底部，若山墙处采用排山中柱，山中柱与老檐柱（金柱）之间的山墙里皮称为“囚门子”。囚门子可

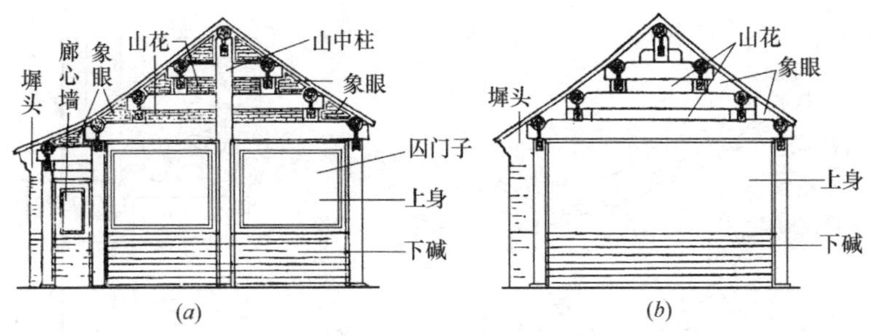

图 6-11　硬山山墙内立面

(*a*) 有山中柱；(*b*) 无山中柱

采用落膛心做法，也可采用普通抹灰做法。

山花象眼：硬、悬山山墙室内立面在梁柁以上时，瓜柱之间的矩形空档叫作山花瓜柱，与椽望之间的三角形空档叫象眼。山花象眼常见做法有丝缝墙做法、抹青灰镂假砖缝（仿丝缝）、抹白灰刷烟子浆镂出图案花纹及抹白灰绘制壁画等做法。

4）硬山山墙端面——墀头

墀头俗称“腿子”，它是山墙两端檐柱以外的部分。后檐墙为“封后檐墙”做法的，没有墀头，为“老檐出”做法的则有墀头。庑殿、歇山、悬山的墀头没有盘头（梢子）。硬山墙的墀头可分成三个部分：下碱、上身、盘头（图 6-12）。在很多地方古建筑中，也有墀头没有下碱和上身部分，只有盘头，又称为垛头。墀头下碱高度同山墙下碱，砌筑方法一般也与山墙相同。上身除了退花碱外，还应有仰面升，一般为上身高度的3/1000～5/1000。在墀头上身紧挨盘头的部位，常常出现垫花活，花活为专门的砖雕构件，装饰性很强。花活以上部分称为盘头梢子，它是墀头出挑至连檐的部分。盘头梢子由挑檐（砖或石或木）、盘头（两层拔檐由山前转至正面）、戗檐砖（从博风头下皮斜砌至连檐，带有雕刻的方砖）组成。

2. 南方古建筑山墙构造做法

南方古建筑山墙主要是三山屏风墙和五山屏风墙，俗称三花山墙和五花山墙。

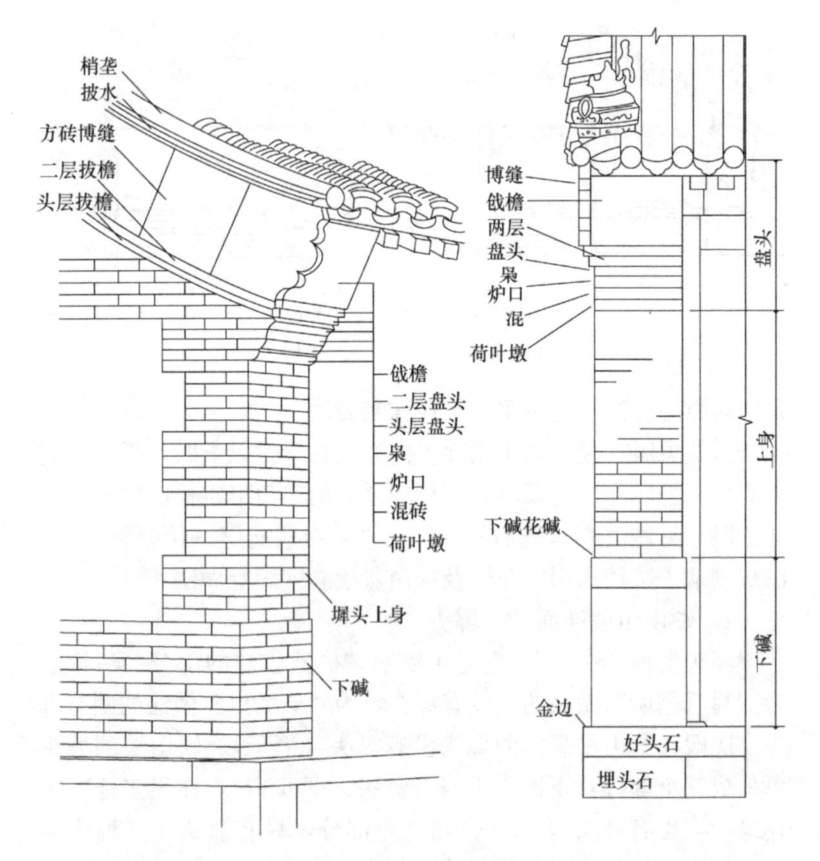

图 6-12 硬山建筑墀头

如果山墙由下檐成曲线状砌至脊顶并高出屋脊 80～100cm，形状似观音头巾的，称为观音兜山墙（图 6-13）。

3. 槛墙与檐墙构造

(1) 槛墙构造

槛墙，是建筑前檐或后檐木装修塌板之下的墙体，为窗槛之下至地面的矮墙（图 6-14），一般不作抹灰处理。槛墙高度一般取 3/10 檐柱高（即与山墙下碱高度相同）。净房（厕所）等需要私密性防护的建筑槛墙应加高。书房、花房或柱子较高时，槛墙

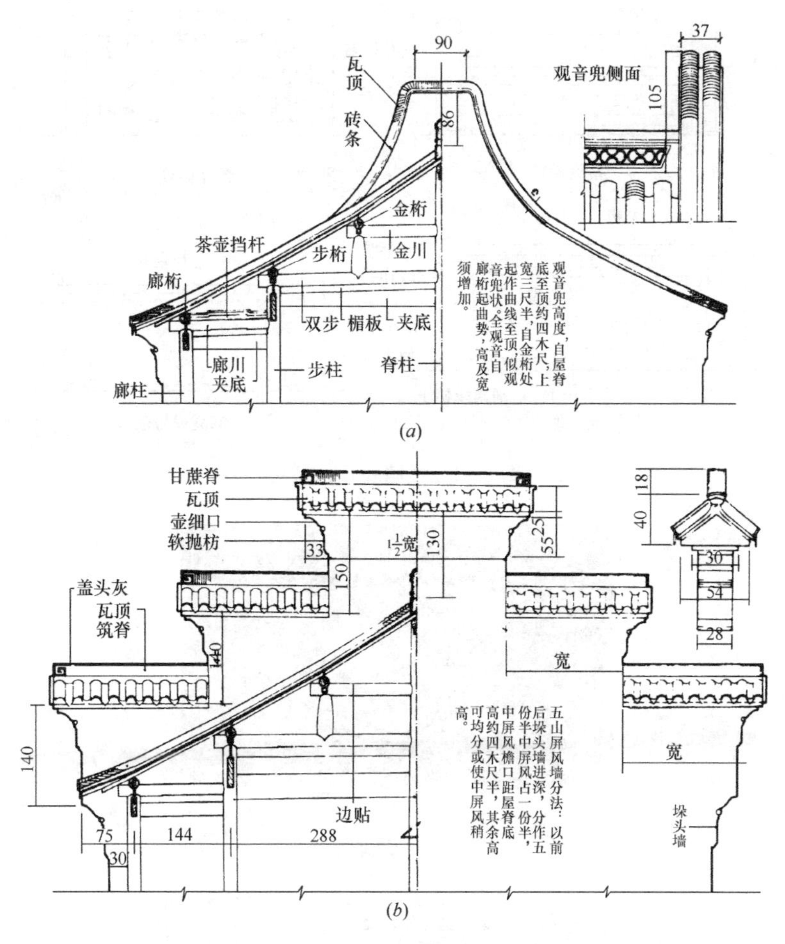

图 6-13　观音兜与五山屏风墙构造

（a）观音兜；（b）五山屏风墙

高度可适当降低。槛墙的砌筑类型应使用本建筑中最讲究的做法，槛墙有干摆或丝缝做法、岔角做法、落膛做法、海棠池做法。另外在宫廷建筑与寺庙建筑中还有琉璃槛墙（图 6-15）、石材槛墙（图 6-16）等。

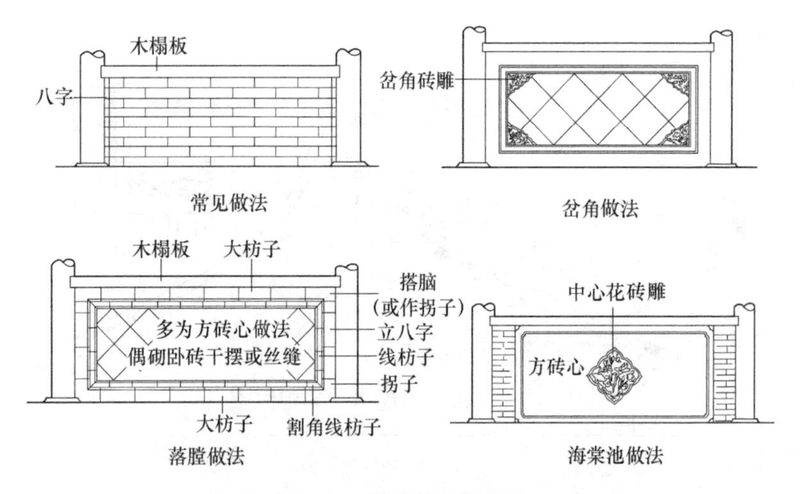

图 6-14　槛墙的几种做法

图 6-15　琉璃槛墙

图 6-16　干摆石材槛墙

（2）檐墙构造

檐墙有前檐墙和后檐墙之分。在前檐位置叫前檐墙，在古建筑中前檐部位多立门窗用于采光纳阳，所以前檐部位多设槅扇门窗和槛墙。在多数建筑中前檐墙并不多见，若有，一般出现在普通民居建筑中。在后檐位置叫后檐墙，后檐墙是位于后檐檩之下柱与柱之间，有两种形式，露出椽子的后檐墙叫"露檐出"或"老檐出"（图 6-17）、不露出椽子的后檐墙叫"封后檐"（图 6-18）。

图 6-17　老檐出后檐墙

4. 院墙与影壁构造

（1）院墙构造

院墙是建筑群、宅院用于安全防卫或区域划分的墙体。

（2）院墙使用的材料及形式

图 6-18　封护檐后檐墙

院墙常使用砖材、石材、土、木、竹等材料。作为小型独立砌体形式较为自由活泼，常见的形式有普通院墙、砖瓦花墙、云墙、罗圈墙、爬山墙、迭落墙、罗汉墙等。

（3）院墙构造

古建筑院墙基本上为水平三段式，分别为下碱、上身、墙帽。

下碱构造要点：小式院墙下碱高度为墙身高度的 1/3，大式院墙下碱高度为墙身高度的 1/3 但不超过 1.5m。下碱砌筑与山墙相比一般等级会降低但也可以一样，常采用普通淌白、糙砖等砌筑做法。下碱在院落最低处时要在下部铺设排水孔道（俗称沟门）。

上身构造要点：院墙上身应比下碱向内收进退花碱，尺寸为 6～15mm。上身做法应较下碱粗糙，也可一样。院墙墙身多设有什锦门窗。洞门样式有长方形与八边形洞门、瓶形洞门、梅花形与圆形洞门。什锦窗样式有镶嵌式什锦窗、夹樘什锦窗、单层漏窗、洞窗等。

墙帽构造要点：墙帽部分由砖檐和墙帽组成，常见的砖檐种类有直檐、鸡嗉檐、菱角檐、锁链檐（瓦檐）、砖瓦檐、冰盘檐等；常见的墙帽种类有宝盒顶、馒头顶、眉子顶、兀脊顶、鹰不落、蓑衣顶、瓦顶、花瓦顶、花砖顶等。二者之间常有固定的搭配关系。

（4）影壁构造

影壁也称照壁、萧墙，是在大门内或外所建的起屏障作用的单独墙体。

1）影壁作用

遮蔽视线、阻挡寒风：避免外人的偷窥和打扰，同时在寒冷的冬天还能挡住寒风向院内直灌。

装饰功能：从装饰角度而言影壁增加了大门的气势，丰富了空间层次，形成了大门内或外的视觉中心。

等级标志：影壁装饰华丽与否反映了院主人的家庭状况和社会地位，在等级森严的封建社会中并不是家家可以设置影壁的。据西周礼制规定，只有皇家宫殿、诸侯宅第、寺庙建筑才能建造影壁，它是地位和身份的标志之一。

2）影壁的种类

按照影壁使用的材料划分有砖影壁、石影壁、木影壁、琉璃影壁。按照影壁使用的位置与平面形式划分有座山影壁、一字影壁、八字影壁、撇山影壁。平面为一字形的独立影壁称为一字影壁（图 6-19）；平面为八字形的独立影壁称为八字影壁；出现在建筑山墙上的镶嵌式影壁称为座山影壁；出现于大门外两侧影壁称为撇山影壁，按平面形式的不同，又分为普通撇山影壁和“一封书”撇山影壁（亦称“雁翅影壁”）。

图 6-19　一字影壁

从使用位置分析，大门内的影壁多为座山影壁；大门外的影壁多为一字影壁和八字影壁；位于大门两侧的影壁为撇山影壁；位于园林中作为屏障遮挡景观的影壁多为一字影壁。

3）普通一字影壁构造

普通一字影壁是最常见的影壁。普通一字影壁可以分为小型：10m 以内；中型 15～20m；大型：20～30m；特大型：30～50m。还可以分为单影壁和连三影壁。九龙壁为特大型的单影壁（著名的有大同、故宫、北海九龙壁），连三影壁多出现在寺庙建筑山门之外，多为三开间，影壁顶部中央高两边低（如五台山普化寺、南山寺山门外影壁）。普通一字影壁常用的顶形式有硬山、悬山。

（三）墙体砌筑

1. 墙体砌筑类型的选择

墙体砌筑既可以选择一种砌筑类型，也可以根据建筑的等级及不同部位的要求选择两种或者三种砌筑类型进行组合。在选择墙体的砌筑类型时应考虑以下因素：

（1）应注意建筑群中的主次关系。在一组建筑群中，中轴线上的建筑、正房、大门、二门、影壁等为主，耳房、厢房、倒座、后罩房次之，院墙、围墙等再次之。应根据建筑的主次关系合理确定各建筑的砌筑方式。

（2）应注意单一建筑各部位的主次关系。在单一建筑中，墙体下碱、槛墙、廊心墙、砖檐、梢子、博缝等部位为主要部位，应选择较高等级的砌筑方法。墙体上身、四角、整砖过河山尖、倒花碱等次要部位，应选择不高于主要部分的砌筑方法。上身中间部位既可以与上身及四角做法相同，也可以与下碱做法相同，还可以采用低等级砌筑方法，如糙砖抹灰。

（3）应注意砖的品种、规格的主次与等级，具体如下：

重要的宫殿、庙宇建筑：可选择金砖、琉璃砖、城砖等。

普通宫殿及大式建筑：可选择城砖、方砖及其他各种砖。

讲究的小式建筑：可选择城砖、方砖、小停泥。

一般建筑：可选择方砖、开条砖、四丁砖、碎砖。

除了用不同品种的砖相区别以外，各类砖可通过不同规格和加工的粗细程度等予以区别。

2. 墙体组砌方式

组砌是指砖在砌体中的排列，古建筑墙面多为清水，组砌时既要考虑到墙体的整体性，还要考虑墙面美观。为了保证墙面的整体性，关键是做好上下皮的错缝搭接以及内外皮与背里填馅的拉结。

在砖墙的砌筑中，把砖的长身方向垂直于墙面砌筑的砖叫丁砖，把砖的长身方向平行于墙面砌筑的叫顺砖，上下皮之间的水平灰缝称为横缝，左右两块砖之间的垂直缝称为竖缝。古建筑墙面常用的组砌方式有十字缝、一顺一丁式、三顺一丁式、五顺一丁、落落丁（全丁式）、多层一丁（多层顺砖，一层丁砖）(图6-20)。

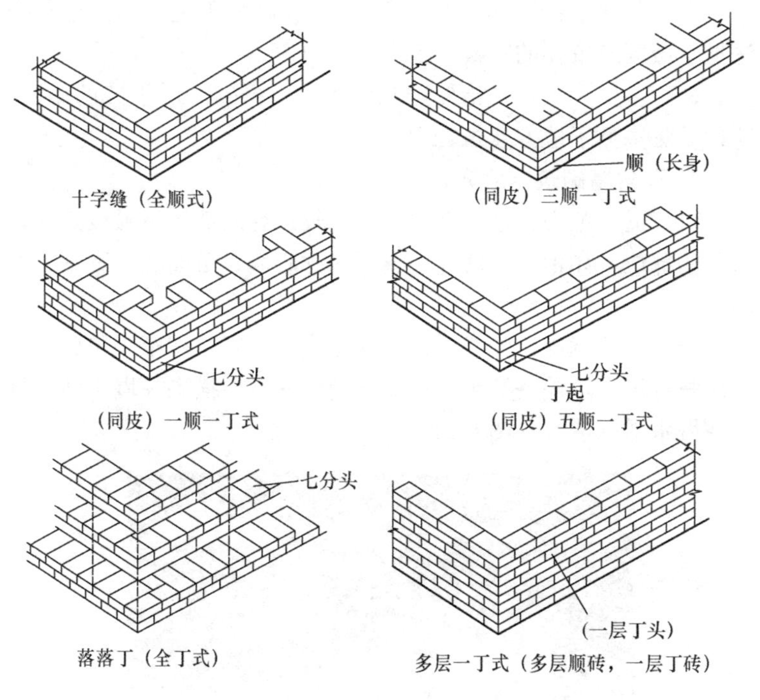

图 6-20　墙体常见的组砌形式

（1）十字缝做法：又称“全顺式”，同皮砖全部采用顺砖砌筑，上下层要错缝搭接，所得砖缝呈十字形。这种做法优点是节省砖材、墙面统一，缺点是内外皮与背里填馅部分的拉结不好。

（2）一顺一丁：又称“梅花丁”，是明代建筑墙体砌筑常用的手法。其特点是，同一层内顺砖和丁砖交替出现，这种做法的优点是墙体拉结性较好，但是比较费砖。

（3）三顺一丁：又称“三七缝”，同皮三块顺砖与一块丁砖相间排列，是清代建筑墙体砌筑常用的手法。这种形式的墙体兼有十字缝和一顺一丁的优点，墙面效果比较完整，墙体的拉结性也较好。

（4）五顺一丁：是五块顺砖与一块丁砖相间排列，墙面效果比较完整，墙体拉结性能低于三顺一丁，较少使用。

（5）落落丁：又称“全丁式”，一般仅用于糙砖墙。这种摆法见于城墙或重要的宫殿、王府院墙中。

（6）多层一丁：是指先砌几层顺砖，再砌一层丁砖的做法。这种做法多见于地方建筑之中。

3. 干摆墙砌筑（北方）

（1）适用范围：这种做法常用于较讲究的墙体下碱或其他较重要的部位，如梢子、博缝、檐子、廊心墙、看面墙、影壁、槛墙等。

（2）工艺流程：弹线、样活→拴线、衬脚→摆第一层砖、打站尺→背里、填馅→灌浆、抹线→刹趟→逐层摆砌→墁干活→打点→墁水活→清洗（图 6-21）。

图 6-21　干摆墙体（北方地区）

（3）具体做法

1）弹线、样活：先将基层清理干净，在基层上用墨线弹出墙体轴线和边线，按砖缝组砌形式进行摞底试摆。

2）拴线、衬脚：依据墙体边线，在墙两端各拴一道拽线（立线），在两拽线之间拴上下两道横线，下为卧线即砌砖用线，上为罩线，作为控制第一层砖与墙面保持在同一水平面的标准线。墙如有升，拽线应拴成升线，外墙转角处一般应拴三道立线（一角三线），即一道角线两道拽线。罩线在打站尺后撤去。第一层砖下边的低洼之处，要用灰衬平。衬脚灰的颜色应与砖的颜色相近，表面应随墙面轧光轧平。

3）摆第一层砖、打站尺：在抹好衬脚的基层上，以卧线为基准摆砌第一层砖，砖的卧缝、立缝都不挂灰（即“干摆”）。用石片在砖两端后口“背撒”，在顶头缝包灰内背“别头撒”。“背撒”不得出现叠放的落落撒和长出砖外的露头撒。摆完第一层砖后，应逐块“打站尺”（将平尺板的下面与基层上弹出的砖墙外皮墨线贴近，中间与卧线贴近，上面与罩线贴近）。检查砖的上下棱是否贴近平板尺，如有偏差应及时调整。

4）背里、填馅：背里砖与干摆砖应同时砌筑。每层干摆完成应随后砌筑背里砖，中间空当用糙砖填馅。填馅砖与干摆砖之间不应紧挨，应留出 10～20mm 的浆口。干摆砖与内侧砖应拉结牢固，组砌形式中无丁头砖时，应采用暗丁进行拉结。

5）灌浆、抹线：灌浆之前可对墙面进行必要的打点，以防浆液外溢，弄脏墙面。灌浆要用白灰浆或桃花浆。宜分为三次灌入，第一道灌“半口浆”（即只灌三分之一），第二道要比第一道浆略稠，第三道浆为“点落窝”（即在两次灌浆的基础上弥补不足之处）。灌浆应注意不要有空虚之处，又要注意不要过量，否则易将墙面撑开。点完落窝后，刮去砖上的浮灰，然后用麻刀灰将灌过浆的地方抹住，即抹线（亦称锁口）。抹线可不逐层进行，小砖不超过七层，城砖不超过五层至少应抹线一次。抹线可以防止上层灌浆往下流而造成墙面撑开。

6）刹趟：第一次灌浆后，即应进行刹趟。用磨头将砖上棱高出卧线的部分磨平，并随时用平尺板检查上棱的平整度。刹趟是为了摆下一层砖时能严丝合缝，故应同时注意不要刹成局部低洼，当砖上棱不高于卧线标准时，则不宜再刹趟。

7）逐层摆砌：从第二层开始，除了不打站尺外，摆砌方法都与上述方法相同，同时应注意以下几点：①摆砌时应注意做到“上跟绳，下跟棱”，即砖的上棱应以卧线为标准，下棱以底层砖的上棱为标准；②摆砌时，可将磨的比较好的棱朝下，有缺陷的棱朝上，因为缺陷有可能在刹趟时磨去；③下碱的最后一层砖，应使用一个大面没有包灰的砖，这个大面应朝上放置，以保证下碱退“花碱”后棱角的垂直完整；④如发现砖有明显缺陷，应重新砍磨或换砖；当发现砖的四个角与周围墙面不在同一水平面上时，应将一个角凸出墙外，但不得凹入墙内，否则不易修理；⑤要“一层一灌、三层一抹、五层一蹾”，即每层都要灌浆，但可隔几层抹一次线，摆砌若干层以后，可适当搁置一段时间（一般为半天），再继续摆砌。

8）墁干活：墙面砌完后，用磨头将砖与砖之间接缝处高出的部分磨平。

9）打点：用砖药（砖灰面）将砖表面的砂眼、小孔及砖缝不严之处填平补齐并磨平。砖药的颜色应以干后颜色近似砖色为宜。

10）墁水活：用磨头沾水将墁干活和打点过的地方再细致的磨一次，并沾水把整个墙面揉磨一遍，以求得整个墙面色泽和质感一致。

以上工序可随摆砌过程随时进行。

11）清洗：墁完水活后，用清水和软毛刷将墙面清扫、冲洗干净，使墙面露出真砖实缝。清洗墙面应尽量安排在墙体全部完成后，拆脚手架之前进行，以免因施工弄脏墙面。

4. 丝缝墙砌筑（北方）

（1）适用范围：丝缝做法大多不用在墙体的下碱部分，而是作为上身部分与干摆下碱相组合。丝缝做法也常用作砖檐、梢子、影壁心、廊心等（图 6-22）。

（2）工艺流程：弹线、样活→拴线、衬脚→砌砖→背里、填馅→灌浆→逐层摆砌→打点→墁水活→耕缝。

（3）具体做法：

1）弹线、样活：相关操作方法和要求与干摆墙相同。

2）拴线、衬脚：相关操作方法和要求与干摆墙相同，不同之处在于不需要拴罩线。

图 6-22　丝缝墙体

3）砌砖：丝缝墙应使用老浆灰打灰条砌筑。砖的看面底棱下和顶头缝的外棱处均应打灰条，灰条应连续均匀。在砖的两端底棱下和里侧底棱下打灰墩，灰墩应大小均匀。第一层砖砌筑时，砖的看面底外棱应对准墙边线，上棱跟卧线。整排砖应直顺、平整。

4）背里、填馅：相关操作方法和要求与干摆墙相同。

5）灌浆：灌浆前应检查灰缝，有漏浆之处应续灰封堵。其他操作方法和要求与干摆墙相同。

6）逐层摆砌：砖缝组砌形式和灰缝宽度应按原建筑做法或设计要求。打灰条、灰墩方法同第一层。已砌好的上一层砖的外棱上也应打灰条，且应连续均匀。摆砌后砖应“上跟线、下跟棱”。

7）打点：砂眼、残缺打点方法和要求同干摆墙。缝子缺灰之处，应用老浆灰填补。

8）墁水活：打点后应墁水活。墙面干燥后，用磨头沾水将墙面磨平，用清水将砖灰清洗干净。

9）耕缝：先用老浆灰将灰缝空虚不足之处补齐。将平尺板贴在墙上对齐灰缝，然后用溜子顺着平尺板在灰缝上耕压出缝子来，先耕卧缝，后耕竖缝，深度 2～3mm。耕完缝后将余灰扫净。

5. 淌白墙砌筑（北方）

（1）适用范围：常与干摆、丝缝相结合。如墙体的下碱为干摆做法，上身的四角为丝缝做法，则上身的墙心为淌白做法（图 6-23）。

图 6-23　淌白墙（北方地区）

（2）工艺流程：弹线、样活→拴线、衬脚→砌砖→背里、填馅→灌浆、抹线→逐层摆砌→打点砖缝→清扫墙面。

（3）具体做法：

1）弹线、样活：相关操作方法和要求与干摆墙相同。

2）拴线、衬脚：淌白墙亦应挂线。操作方法和要求与干摆墙相同。

3）砌砖：淌白缝子（仿丝缝）做法应使用老浆灰打灰条砌筑。普通淌白墙使用月白灰打灰条砌筑。淌白描缝做法使用老浆灰或月白灰打灰条砌筑。灰缝厚度应为 4～6mm（城砖为 6～8mm）。打灰条的方法与砌筑丝缝墙相同。砌砖时应随时注意砖的立缝宽度，防止游丁走缝。

4）背里、填馅：相关操作方法和要求与干摆墙相同。

5）灌浆、抹线：相关操作方法和要求与丝缝墙相同。

6）逐层摆砌：砖缝组砌形式和灰缝宽度应按原建筑做法或

设计要求。打灰条、灰墩方法同第一层。已砌好的上一层砖的外棱上也应打灰条，且应连续均匀。摆砌后砖应“上跟线、下跟棱”。打灰条方法和要求同第一层。淌白缝子砌“低头缝和平身缝”时，砖的好棱应朝上，砌筑“抬头缝”时，好棱应朝下。缝子宽度应按设计要求或原做法。

7）打点砖缝：对砖缝过窄处用扁子作开缝处理。用瓦刀、小木棍或钉子等顺砖缝镂划，然后用小鸭嘴儿将小麻刀老浆灰“喂”进砖缝，灰应与砖墙喂平，然后轧平。缝子打点完毕后，用短棕毛刷子沾少量清水（沾后轻甩一下），顺砖缝刷一下，即打水茬子，随即用小鸭嘴儿将灰缝轧平轧实。

8）清扫墙面：用扫帚将墙面清扫干净。

6. 糙砖墙砌筑（北方）

（1）适用范围：多用于清水墙。带刀缝做法除可以用于整个墙面外，还可作为下碱、墀头、墙体四角、砖檐部分。

（2）工艺流程：弹线、样活→拴线→砌砖→灌浆→勾缝→清扫墙面。

（3）具体做法：

1）弹线、样活：相关操作方法和要求与干摆墙相同。

2）拴线：相关操作方法和要求与丝缝墙相同。

3）砌砖：带刀缝做法，砖料不需砍磨，灰缝应为5～8mm。使用月白灰或灰膏，在砖上打灰条进行砌筑，操作方法和要求同丝缝墙；灰砌做法，使用素灰或掺灰泥，满铺灰浆砌筑，灰缝应为8～10mm，泥缝不应大于25mm。

4）灌浆：带刀缝做法应灌浆，相关操作方法和要求同丝缝墙。灰砌法通常不灌浆，也可灌浆加固。灰浆种类应根据设计要求或原做法，使用白灰浆或桃花浆。

5）勾缝：用深月白小麻刀灰打点勾缝，操作方法与淌白墙打点砖缝步骤相同。如文物建筑原做法为原浆勾缝做法，用小圆棍直接将砖缝划出凹缝，缝子应深浅一致。

6）清扫墙面：勾缝完成后要用扫帚将墙面仔细擦扫一遍，

将砖缝上的余灰及墙面上的灰渍擦净。

7. 实滚、花滚、空斗墙砌筑（南方）

（1）实滚墙的砌筑

《营造法原》中列举出三种实滚墙：一是实滚扁砌式，相当于北方的卧砖砌筑，平砖顺面向外，砖块平砌上下错缝；二是实滚式，江南称为“玉带墙”，平砖顺砌与侧砖丁砌间隔，上下错缝；三是实滚芦菲片式，又称席纹式，墙面外观如编织席纹，采用平砖顺砌与侧砖丁砌间隔，每层砌法相反，见图 6-24。

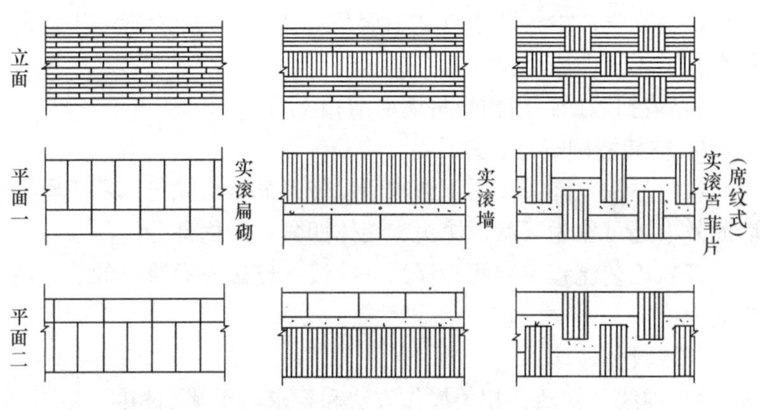

图 6-24 实滚墙组砌方式（引自姚承祖《营造法原》）

1）适用范围：古建筑基础墙体，古建筑承重墙体，古建筑楼房的下层墙体。

2）材料要求：砖料采用八五青砖，砌筑采用老浆灰，灌浆采用生灰浆。砖应提前 1～2d 浇水湿润。

3）工艺流程：放线、弹线→排砖、撂底→墙体盘角→立皮数杆挂线→砌筑→填筑空腔→勾缝→清洗、验收。

4）操作工艺：

a）放线、弹线：先将基层清扫干净，然后弹出墙体厚度，墙体的中心线，立好皮数杆。

b）排砖、撂底：根据垫层弹出的边线，按“山丁檐跑”的方法进行排砖、撂底。在砌筑开始前，进行摆砖撂底工作，摆砖时要求山墙的最下面一皮砖摆成丁砖，檐墙的最底一皮砖要求摆成跑砖，即是顺砖。

c）墙体盘角：大角盘角每次不要超过五层，应随砌随盘，随时进行靠吊，盘角时还要和皮数杆对照，应使砖的层数和灰缝厚度与皮数杆相符。盘角完后，要用小线拉一拉，检查砖有无错层，检查无误后才可以挂线砌墙。

d）砌筑：采用三一砌筑法施工（一刀灰、一块砖、一揉挤），即满铺、满挤操做法。砌砖要横平竖直，水平灰缝饱满，做到上跟线，下跟棱，相邻要对平。采用铺浆法砌筑时，铺浆长度不得超过750mm，施工期间气温超过30℃时，铺浆长度不得超过500mm。挤出的灰浆随时用瓦刀刮除。

砖墙的转角处和交接处应同时砌起，对不能同时砌起而必须留搓时，应砌成斜槎，斜槎水平投影长度不应小于高度的2/3。墙体每天砌筑高度不得超过1.8m，雨天不超过1.2m，雨天砌筑时，砂浆的稠度应适当减少；若遇阴雨天气，当天完工后，应将砌体顶面部位覆盖好。

e）填筑空腔：《营造法原》图版标注在斗状空腔中填灰砂及碎砖。因此实滚墙、实滚芦菲片墙每砌完一层后要填灰砂。填筑前应将灰缝的空虚处补齐，以免漏浆。填筑时，既应注意不要有空虚之处，又要注意不要过量，否则易将墙面撑开。不得出现透明缝，严禁用水冲浆灌缝。

f）勾缝：空斗墙的墙面一般是做粉刷墙面。如果要做成清水墙面，则要进行勾缝，勾缝的顺序是从上而下进行，先勾水平缝后勾立缝。勾缝分为平缝、凹缝、风雨缝等类型。

g）勾水平缝用长溜子，左手拿托灰板，右手拿溜子。将托灰板顶在要勾的缝口下边，右手用溜子将灰浆压人缝内（喂缝），同时自右向左随勾随移动托灰板，勾完一段后用溜子自左向右在砖缝内溜压密实、平整，深浅一致。

h）勾立缝用短溜子在托灰板上把灰刮起（叼灰），然后勾入立缝中，塞住密实、平整，勾好的平缝与立缝深浅一致，交圈对口。

i）清洗、验收：用清水和软毛刷将墙面清扫、冲洗干净，使墙面露出“真砖实缝”。清洗墙面应尽量安排在墙体全部完成后，拆脚手架之前进行，以免因施工弄脏墙面。

（2）空斗墙的砌筑

空斗墙砌法分有眠空斗墙和无眠空斗墙两种。侧砌的砖称斗砖，平砌的砖称眠砖。有眠空斗墙是每隔1～3皮斗砖砌一皮眠砖，分别称为一眠一斗、一眠二斗、一眠三斗。无眠空斗墙只砌斗砖而无眠砖，所以又称全斗墙。传统的空斗墙多用特制的薄砖，砌成有眠空斗形式。有的还在中空部分填充碎砖、炉渣、泥土或草泥等以改善热工性能（图6-25）。

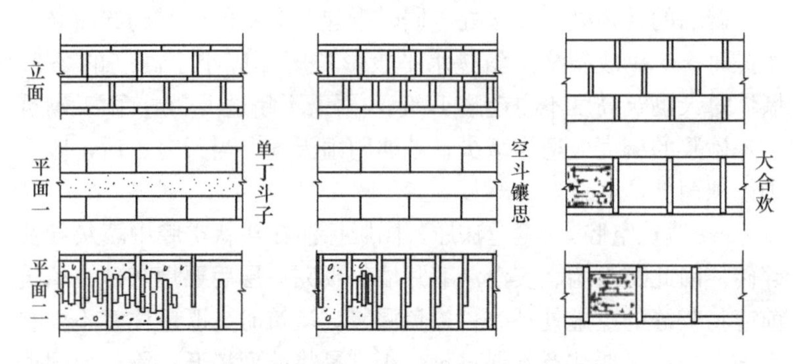

图6-25　空斗墙组砌方式（引自姚承祖《营造法原》）

1）适用范围：古建筑非承重墙体，古建筑楼房的上层墙体。

2）材料要求：砖料采用八五青砖，砌筑采用老浆灰，灌浆采用生灰浆。砖应提前1～2d浇水湿润。

3）工艺流程：放线、弹线→排砖、撂底→墙体盘角→立皮数杆挂线→砌筑→填筑空腔→勾缝→清洗、验收。

4）操作工艺：

a）放线、弹线：先将基层清扫干净，然后弹出墙体厚度，墙体的中心线，立好皮数杆。

b）排砖、撂底：按照图纸确定的几眠几斗先进行排砖，先从转角或交接处开始向一侧排砖，内外墙应同时排砖，纵横方向交错搭砌。空斗墙砌筑前必须进行试摆，不够整砖处，可加砌斗砖，不得砍凿斗砖。

c）墙体盘角：大角盘角每次不要超过五层，应随砌随盘，随时进行靠吊，盘角时还要和皮数杆对照，应使砖的层数和灰缝厚度与皮数杆相符。盘角完后，要用小线拉一拉，检查砖有无错层，检查无误后才可以挂线砌墙。

空斗墙的外墙大角，须用普通砖砌成锯齿状与斗砖咬接。盘砌大角不宜过高，以不超过 3 个斗砖为宜，新盘的大角，应及时进行吊靠，如有偏差要及时进行修整。大角平整度和垂直度符合要求后，挂线砌墙。

d）砌砖：砌筑时一手拿砖，一手把披上灰的瓦刀把砖的外棱披上灰条，也可以在已经砌好的砖层外棱披上灰条。灰缝要均匀，碰头灰要打严。砌好后要用瓦刀把挤出砖外的余灰刮去，墙面不应有竖向通缝。水平灰缝厚度和竖向灰缝宽度应控制在 10mm 左右，但应不小于 8mm，也不应大于 12mm，灰缝应横平竖直。

空斗墙转角及纵横相交处应同时砌起，不得留槎。每天砌筑高度不应超过 1.8m。对不能同时砌起而必须留槎时，应砌成斜槎，斜槎水平投影长度不应小于高度的 2/3。

e）填筑空腔：《营造法原》图版标注在斗状空腔中填灰砂及碎砖。因此空斗墙每砌完一层后要填筑灰砂。单丁斗子、空斗镶思、大合欢、小合欢中的斗状空腔较大，必须以碎砖拌以灰砂填筑。填筑前应将灰缝的空虚处补齐，以免漏浆。填筑时，既应注意不要有空虚之处，又要注意不要过量，否则易将墙面撑开。不得出现透明缝，严禁用水冲浆灌缝。

f）勾缝：空斗墙的墙面一般是做粉刷墙面。如果要做成清水墙体，则要进行勾缝，勾缝的顺序是从上而下进行，先勾水平缝后勾立缝。勾缝分为平缝、凹缝、风雨缝等类型。

勾水平缝用长溜子，左手拿托灰板，右手拿溜子。将托灰板顶在要勾的缝口下边，右手用溜子将灰浆压人缝内（喂缝），同时自右向左随勾随移动托灰板，勾完一段后用溜子自左向右在砖缝内溜压密实、平整，深浅一致。

勾立缝用短溜子在托灰板上把灰刮起（叼灰），然后勾入立缝中，塞住密实、平整，勾好的平缝与立缝深浅一致，交圈对口。

g）清洗、验收：用清水和软毛刷将墙面清扫、冲洗干净，使墙面露出“真砖实缝”。清洗墙面应尽量安排在墙体全部完成后，拆脚手架之前进行，以免因施工弄脏墙面。

（3）花滚墙的砌筑

花滚墙为实滚墙与空斗墙相结合的砌筑方式，由一皮或几皮卧砖、陡砖、侧砖丁砌（又称斗砖）围合成空腔，内部填以灰砂及碎砖形成（图 6-26）。

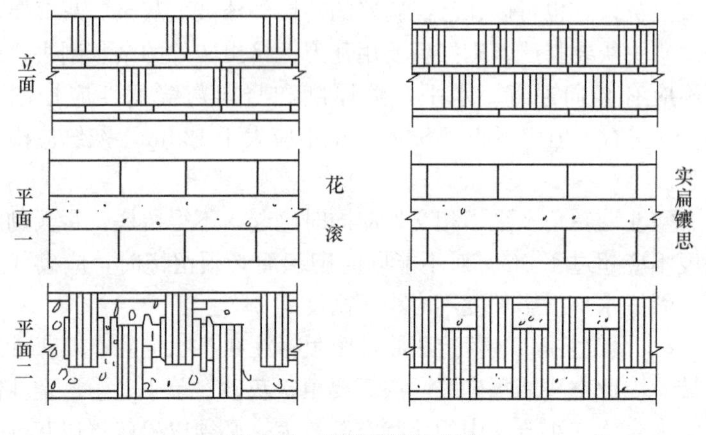

图 6-26　花滚墙组砌方式

花滚墙的砌筑方法与实滚墙的砌筑方法基本相同，但是花滚墙的墙体中的斗状空腔较大，必须以碎砖拌以灰砂填筑。

（四）墙体抹灰与贴砖

古建筑常用的抹灰做法有：靠骨灰、泥底灰、滑秸泥、壁画抹灰、纸筋灰等。通常也采用分层的构造做法。

1. 靠骨灰

直接在砖墙表面抹2～3层麻刀灰的工艺做法。其施工操作过程为：基层处理→打底灰→罩面灰→赶扎刷浆。

（1）基层处理：主要有墙面填补、润湿墙面，高等级抹灰还应在砖缝处钉麻揪处理等（图6-27）。

图 6-27 钉麻揪

1）新墙面处理：抹灰前应把墙体清扫干净，挂通线检查，对个别凸出墙体的部分要进行剔除剔平，局部低洼用麻刀灰找平。

2）旧墙面处理：清理砖缝，对砖缝灰浆脱落的，视原做法情况，用掺灰泥或麻刀灰进行“串缝”，将灰缝堵严填平；对墙面局部酥碱轻微处进行剔凿清除酥碱层，用麻刀灰抹平；对局部酥碱严重处进行挖补。

3）浇水润湿：墙面局部处理找平抹灰和大面积抹灰之前，均应对基面进行浇水，使墙面湿润干净。

4）钉麻揪：按原做法或设计要求“钉麻揪”。将梳整过的麻缠绕在竹钉或镊头钉子上，钉入砖缝。间距和行距以约500mm为宜，梅花形布置。新墙面宜采用压麻做法，砌墙时将麻揪横压在墙内。

图 6-28 大麻刀灰打底

（2）打底灰：在经过处理的墙面上，用大铁抹子抹一层大麻刀灰（100 ∶ 4）（图6-28），对墙面进行初步找平，不轧光、不刷浆，打底时把麻揪分散铺开轧入灰内。打底灰不平时，待底灰稍干后再抹一层大麻刀灰，进一步找平。

（3）罩面灰：用大铁抹子或木抹子在打底灰或中层灰上再抹一层大麻刀灰（100∶3），使面层细腻平整。有刷浆要求时，可在抹完后即刷一遍浆，再用木抹子搓平。面积较大时应分段进行。打底和罩面灰总厚度不超过 15mm，宫殿建筑不低于 20mm，罩面灰除了大麻刀灰外还可以采用月白麻刀灰、葡萄灰（红麻刀灰）、黄灰，视墙面颜色要求而定。

（4）赶扎刷浆：即刷一次浆用铁抹子将抹灰墙面反复扎抹，可以使表面密实度和光洁度提高。罩面灰抹完后，应用小轧子反复赶轧。视灰的软硬程度，适时用大铁抹子赶轧，灰硬应及时刷浆和轧活，灰软应待灰稍干后再刷浆赶轧。面积较大时应分段刷浆赶轧。抹红灰、黄灰应横向赶轧，青灰墙面可竖向轧出“小抹子花”。每赶轧一次均应先刷一遍浆，最后应以赶轧出亮交活。采用红灰、黄灰“蒙头浆”做法时，最后刷 1～2 次浆交活，不再赶轧。表面刷浆种类有：青浆、红土浆（氧化铁粉）、土黄浆等。

2. 泥底灰

泥底灰是指用素泥或掺灰泥打底，麻刀灰罩面的一种抹灰，多用于小式建筑或民居建筑。

3. 滑秸泥

滑秸泥俗称抹大泥，是底层与面层均采用滑秸泥的一种抹灰。滑秸泥是用素泥或掺灰泥内加麦秸拌和而成。打底层用泥以拌麦秆为主，罩面层用泥以拌麦壳为主，表面赶扎出亮后，可以根据需要刷不同的色浆。滑秸泥做法多用于民居和地方建筑。

4. 纸筋灰

纸筋灰是古建筑室内常用的面层抹灰方法，可采用现代方法代替，具体做法如下：底层：13 厚 1∶3 石灰砂浆；面层：2 厚纸筋灰[灰膏∶纸筋＝100∶(5～6)]罩面。

5. 抹灰做缝

抹灰做缝有抹青灰做假缝、抹白灰刷烟子浆镂缝、抹白灰描黑缝三种。

6. 镶贴仿古面砖

仿古面砖操作工艺：基层处理→吊垂直、套方、找规矩、贴灰饼→抹底层砂浆→弹线分格→排砖→浸砖→镶贴面砖→面砖勾缝与擦缝。

（1）基层处理：将凸出的墙面剔平，清除基层表面的污垢、油渍，再浇水湿润。

（2）吊垂直、套方、找规矩、贴灰饼：应在建筑物四大角和门窗口边用经纬仪打垂直线找直；用特制的大线坠绷铁丝吊垂直，然后根据面砖的规格尺寸分层设点、做灰饼。横线则以楼层为水平基准线交圈控制，竖向线则以四周大角和通天柱或垛子为基准线控制，应全部是整砖。冲筋：每层打底时则以此灰饼作为基准点进行冲筋，使其底层灰做到横平竖直。同时要注意找好凸出檐口、腰线、窗台、雨篷等饰面的流水坡度和滴水线（槽）。

（3）抹底层砂浆：用水泥砂浆打底，厚度不应大于20mm，超过20mm时应采用加强措施，并应分层涂抹砂浆，随抹随刮平抹实，用木抹搓毛。

（4）弹线分格：可按图纸要求进行分段分格弹线，同时亦可进行面层贴标准点的工作，以控制面层出墙尺寸及垂直、平整。

（5）排砖：根据大样图及墙面尺寸进行横竖向排砖，以保证面砖缝隙均匀，符合设计图纸要求，注意大墙面、通天柱子和垛子要排整砖，以及在同一墙面上的横竖排列，均不得有一行以上的非整砖。非整砖行应排在次要部位，如窗间墙或阴角处等。但亦要注意一致和对称。如遇有突出的卡件，应用整砖套割吻合，不得用非整砖随意拼凑镶贴。

（6）浸砖：外墙仿古面砖镶贴前，首先要将面砖清扫干净，放入净水中浸泡2h以上，取出待表面晾干或擦干净后可使用。

（7）镶贴面砖：镶贴应自下而上镶贴，从最下一层砖下皮的位置线先稳好靠尺，以此托住第一皮面砖。在面砖外皮上口拉水平通线，作为镶贴的标准。在面砖背面采用胶黏剂砂浆镶贴（1∶2水泥砂浆掺加不少于用水量1%的107胶水），砂浆厚度为6～10mm，贴上后用灰铲柄轻轻敲打，使之附线，再用钢片开刀调整竖缝，并随时用靠尺板检查平整度。

（8）面砖勾缝与擦缝：面砖铺贴拉缝时，用仿古面砖勾缝剂勾缝，先勾水平缝再勾竖缝，勾好后要求凹进面砖外表面2～3mm。面砖缝子勾完后，用布或棉丝擦洗干净。

（五）墙体修缮

1. 刷浆、墁干活（北方）

干摆墙体砌筑完成后要进行修理。其中包括墁干活、打点、刷浆等。

墁干活：用磨头将砖与砖交接处高出的部分磨平。

打点：用“药”将砖的残缺部分和砖上的砂眼抹平。“药”常用灰浆配制。

刷浆：随砖颜色、浅月白浆，严禁使用青浆或深月白浆涂刷。

2. 挖补（北方）

局部酥碱时可采用这种方法。先用钻子将需要修复的地方凿掉，然后按原墙体砖的规格重新砍制，砍磨后照原样用原做法重新补砌好，里面要用灰背实（图6-29）。

3. 择砌（北方）

局部酥碱、空鼓、鼓胀或损坏的部位在墙体的中下部，而整个墙体比较完好时，可以采取这种办法。择砌必须边拆边砌。不可等全部拆完后再砌。一次择砌的长度不应超过50～60cm，若只择砌外（里）皮时，长度不要超过1m（图6-30）。

图 6-29　剔凿挖补

图 6-30　择砌

（六）墙体质量通病及防治

1. 砖的包灰尺寸

质量通病：包灰尺寸超过标准，干摆、丝缝墙所用的砖，在砍磨加工时，若被砍得过大，造成砖内灰浆厚度过大，从而使砌体强度降低，甚至引起墙面开裂。

防治措施：手工操作时严格按工艺要求采用晃尺包灰，做好各项工作的检查工作。用轮锯代替手工操作时，应尽量选择薄型的锯片，注意控制误差。

2. “五出五进”墙体砌筑

质量通病：砌筑方法不对，“出”与“进”交错处形成通缝，降低了墙体的整体性。

防治措施：排砖撂底做好“五进五出”的预排工作。

3. 槛墙砖

质量通病：槛墙砖组砌不正确，两端不对称。

防治措施：做好两端的异形砖加工，并做好“提前样活”工作。

4. 干摆、丝缝墙面

质量通病：未露出“真砖实缝”。对砖表面的砂眼、残缺处的打点（补平）痕迹明显，不自然。

防治措施：刷洗墙面的清水必须反复更换，使水保持清洁，反复刷洗，直至墙面露出“真砖实缝”；砖“药”要由技术较高的工人统一配制，砖“药”的颜色要待其干后再与砖色对比，同时打点砖“药”应在墁水活之前进行。

5. 淌白墙或糙砖墙

质量通病：勾缝方法错误，与现代清水墙勾缝方法相同，不是传统做法。

防治措施：淌白墙要用传统白灰或老浆灰勾缝。勾缝时要用传统工具“鸭嘴儿”，并应将灰与表面打点平，而不得用“铁溜子”勾成凹缝；糙砖墙的砖缝用木棍直接划缝，并扫净即可，而不要用现代勾缝工具“铁溜子”勾缝。

6. 硬山墀头腮帮排砖

质量通病：未排成十字缝；未用整砖摆出十字缝；枕头与枕头下面的砖形成了“齐缝”（通缝）。

防治措施：要提前做好硬山墀头腮帮排砖交底工作，落实怀找及单整双破工作。

7. 室外传统抹灰

质量通病：传统室外抹青灰、红灰、黄灰等的强度较低，有时经1～2个冬季就出现灰皮酥碱、脱落现象。

防治措施：必须使用泼灰。泼灰的存放时间不超过6个月且应未经雨淋。

七、屋面营造

在中国传统古建筑中，屋顶有着特殊的地位。它外观轮廓丰富、曲线优美、形式多样，独具魅力和美感。同时屋顶的各种类型也反映着不同的使用等级。由于古建筑屋面的构成比较复杂，因此了解和掌握相关技术知识是十分必要的。

（一）屋面类型

中国古建筑的屋面类型比较丰富，形式多样，体现了深厚的建筑文化底蕴与民族特色，是展现中国古建筑外观效果的重要组成部分。

1. 按屋面材质分

古建筑屋面根据瓦的材质划分主要分为布瓦屋面和琉璃瓦屋面两大类型，各自又有多种不同做法。

（1）布瓦屋面

颜色呈深灰色的黏土瓦叫作布瓦。当区别于琉璃屋面时，常被称为黑活屋面或墨瓦屋面。布瓦（或黑活）屋面有多种做法，所以人们常根据做法直呼其名，如筒瓦屋面、合瓦屋面、仰瓦灰梗屋面、干槎瓦屋面等，只有在特指不是琉璃屋面时才说“布瓦”或“黑活”屋面。

1）筒瓦屋面：筒瓦屋面是用弧形片状的板瓦做底瓦，半圆形的筒瓦做盖瓦的瓦面做法。筒瓦屋面多用于宫殿、庙宇、王府等大式建筑以及牌楼、亭子、游廊等。小式建筑一般不使用3号以上的筒瓦。民宅中的影壁、小型门楼、廊子、垂花门、墙帽等多使用10号筒瓦。

2）合瓦屋面：合瓦在北方地区又叫阴阳瓦，在南方地区叫蝴蝶瓦。合瓦屋面的特点是盖瓦与底瓦用同一种板瓦按一反一正即“一阴一阳”排列。

3）仰瓦灰梗屋面：这种屋面在风格上类似筒瓦屋面，但不做盖瓦垄，而在两底瓦垄之间用灰堆抹出形似筒瓦垄、宽约40mm的灰梗，此类屋面一般不做较复杂的正脊，也不做垂脊，多用于不甚讲究的民宅。

4）干槎瓦屋面：干槎瓦屋面的特点是没有盖瓦，瓦垄间也不用灰梗遮挡，瓦垄与瓦垄巧妙地排编在一起。干槎瓦屋面的正脊和垂脊一般不做复杂的脊件。这种屋面体轻、省料，不易生草。

（2）琉璃瓦屋面

琉璃瓦是采用优质矸土矿石为原料，经过粉碎筛选，高压成型，高温烧制而成。具有强度高、光滑度好、吸水率低、抗折、抗冻、耐酸、耐碱、永不褪色等显著优点，其规格大小从二样至九样共有八种。琉璃瓦屋面主要有以下三种做法：

1）单色琉璃屋面：屋面和屋脊均采用同色琉璃瓦件形成。单色琉璃屋面多用于宫殿建筑，如北京天坛全部采用蓝色琉璃，太和殿全部采用黄色琉璃瓦。

2）琉璃剪边：用一种颜色的琉璃瓦做檐头和屋脊，用另一种颜色的琉璃瓦、削割瓦或布瓦做屋面。

3）琉璃聚锦：屋面采用两色琉璃或多色琉璃拼出图案的做法。常见的图案有方胜（菱形）、叠落方胜（双菱形）、双喜字等。琉璃聚锦的做法常见于园林建筑或地方建筑。

除了上述三种琉璃瓦屋面外，还有一种无釉琉璃瓦也叫削割瓦屋面，常归类在琉璃屋面。无釉琉璃瓦是用琉璃瓦坯烧制成型后“焖青”成活，但不施釉彩的瓦件。外观与青瓦相似，但做法与琉璃相同。

2. 按屋面层数分

有单檐式、重檐式、三重檐、多重檐、密檐等（图7-1）。

图 7-1　不同层数屋面构造

3. 按屋面形式分

有庑殿式、歇山式、悬山式、硬山式和攒尖式等屋面形式。

（1）庑殿式屋面：庑殿建筑是等级最高的建筑形式，体大庄重、气势雄伟，是体现皇权、神权等最高统治权威的象征。多用于宫殿、坛庙等建筑（图 7-2）。

图 7-2　庑殿式屋面

屋面呈四坡五脊构造，即前后两坡相交形成横向正脊，左右两坡与前后坡相交，形成自正脊两端斜向延伸到四个屋角的四条垂脊。屋角向上微翘，四面坡略有凹形弧度，又名四阿顶。可衍生出扇面型、盝顶、田字等形式。

（2）歇山式屋面：歇山建筑是仅次于庑殿建筑的一种等级，

造型优美活泼，姿态表现性强，在古建筑中被广泛应用。大者可用作殿堂楼阁，小者可用作亭廊榭舫，是园林建筑中运用最为普遍的建筑之一。歇山建筑也是一种四坡形屋面，前后两个正坡，左右两个撒头，其两端山面不像庑殿屋面那样直接由正脊斜坡而下，而是通过一个垂直山面停歇之后再斜坡而下，故取名为歇山建筑。屋脊分别是：一条正脊，四条垂脊，与垂脊相交有四条岔脊，两侧山花板与撒头相交处各有一条博脊，共 11 条脊。歇山建筑无正脊的叫歇山卷棚顶，可分为单檐和重檐形式。还可衍生出十字脊、扇面型、万字形、连山（勾连搭）形式（图 7-3）。

图 7-3　歇山式屋面

（3）悬山式屋面：悬山建筑是一种人字形两坡屋面建筑，多用于普通民舍、商铺或大式建筑的偏房等。悬山建筑屋面有双坡、一条正脊、四条垂脊，两端的屋顶伸出山墙之外而悬挑，以此遮挡雨水，不直接淋湿山墙。两端山墙的山尖部分做成阶梯形，叫作“五花山墙”。悬山建筑的整个体形，要比硬山显得更为活泼，根据屋顶形式分为有正脊顶式和卷棚顶式两种，见图 7-4。

（4）硬山式屋面：硬山建筑也是一种人字形两坡屋面建筑，属于最次等的普通建筑，多用于普通民舍、大式建筑的偏房以及不在显耀位置的房屋等。

图 7-4　悬山式屋面

屋面以中间横向正脊为界，分前后两面坡。两端山墙直接与屋面封闭相交，山面没有伸出的屋檐，山尖显露突出，木构架全部封包在墙体以内。左右两面山墙或与屋面平齐，或高出屋面。在北方地区，一般在山墙尖顶与屋端连接处，采用博缝砖封顶；而在南方地区，则多将山墙砌出屋顶作为遮拦，高出的山墙称封火山墙（图 7-5），其主要作用是当火灾发生时阻隔火势的蔓延。从外形看也颇具风格。

图 7-5　南方硬山

硬山建筑根据屋顶形式分为：有正脊顶式和卷棚顶式两种，一般只做成单檐屋顶形式，很少做成重檐结构。在北方，有单坡顶、双坡顶，并衍生硬山勾连搭形式（图 7-6）。

图 7-6　北方硬山

（5）攒尖式屋面：攒尖顶建筑是指将屋顶积聚成尖顶形式的建筑，适用于圆形和正多边形建筑的屋顶造型。除圆形攒尖顶无脊外，屋脊自屋角向屋顶中心汇聚，脊间坡面略呈弧形，可用于观赏性殿堂楼阁和亭子建筑。可做成圆形（可衍生出双环形）、三角形、四角形（可衍生出方胜形、天圆地方形式或盝顶形式）、五角形、六角形（双六角形）、八角形、九角形、十字形等，也可做成单檐和重檐或多重檐（图 7-7）。

图 7-7　攒尖顶建筑

南方攒尖顶的翘角都大于北方，而攒尖顶最为悬殊，有飞檐之称。这种形状既易雨水的排泄，又有轻盈欲飞的美感（图7-8、图 7-9）。

图 7-8　北方攒尖顶建筑翼角翘飞

图 7-9　南方攒尖顶建筑翼角翘飞

（6）建筑屋顶等级序列

明清时期，古建筑行业习惯将官式建筑分为正式与杂式。硬山、悬山、庑殿、歇山是正式建筑屋顶的四种基本型。庑殿、歇山可以做成重檐建筑，歇山、悬山和硬山建筑可以区分为带有正脊和不带正脊（卷棚）做法。这样正式建筑顶就形成了重檐庑殿、重檐歇山、单檐庑殿、单檐歇山、卷棚歇山、有脊悬山、卷棚悬山、有脊硬山、卷棚硬山九个依次降低的等级，构成了正式建筑屋顶严格的等级序列。

4. 按屋面规模及等级分

明清时代在屋顶的做法中，除了通过屋顶的等级序列来规定建筑屋顶的形态外，还通过瓦件的材质、脊件做法和脊饰构成，明确地把屋顶分为大式做法和小式做法两个大类。

（1）大式屋面：官式做法的一种类型，用于宫殿、王府和庙宇建筑，属于高等级体制。其基本特征是：瓦面通常用筒瓦，屋脊上有吻兽、小跑等脊饰。

（2）小式屋面：用于普通建筑，多见于民宅，也见于大式建筑群中的某些次要建筑。小式屋面的基本特征是：瓦面不用筒瓦（不包括 10 号筒瓦），只采用布瓦，正脊通常分为过垄脊、清水脊、鞍子脊。其做法简单，屋脊上没有吻兽、小跑等脊饰。

大式小作：具有大式屋脊的基本特征，但屋顶的脊件做了必要的简化。

小式大作：具有小式屋脊的基本特征，但脊件做法借鉴了大式屋脊的特点。

这两种变通方法，属于大、小式做法中的中间档次。

（二）屋 脊 类 型

中国古建筑的屋脊是对屋面交界线或边沿线的特殊处理而产生的构造形式。屋脊做法主要分为琉璃屋脊和布瓦屋脊两种。

1. 琉璃屋脊构造

（1）琉璃正脊

正脊是沿檩桁方向，在前后两坡屋面相交线做成的脊，且在屋顶最高处。琉璃正脊的样数一般与屋面瓦样相同，在较为重要的建筑中或重檐建筑的上檐屋顶中，正脊的样数可以比屋面瓦样大一样。在影壁、小型门楼、牌楼等小型建筑中，正脊应采用降低高度的处理方法。琉璃正脊的尺寸主要通过正脊高度和正脊厚度控制。

1）正脊的结构表现形式（图 7-10）

a）脊筒正脊：由正当沟、当沟墙（胎子）、压当条、群色条、正脊筒（四样以上摆砌大群色、黄道、赤脚通脊）、扣脊瓦等构成，多用于殿座建筑。

b）承奉连正脊：由正当沟、当沟墙（胎子）、压当条、承奉连砖、扣脊瓦等构成，多用于围墙墙帽正脊。

c）盝顶正脊：由正当沟、当沟墙（胎子）、压当条、盝顶正

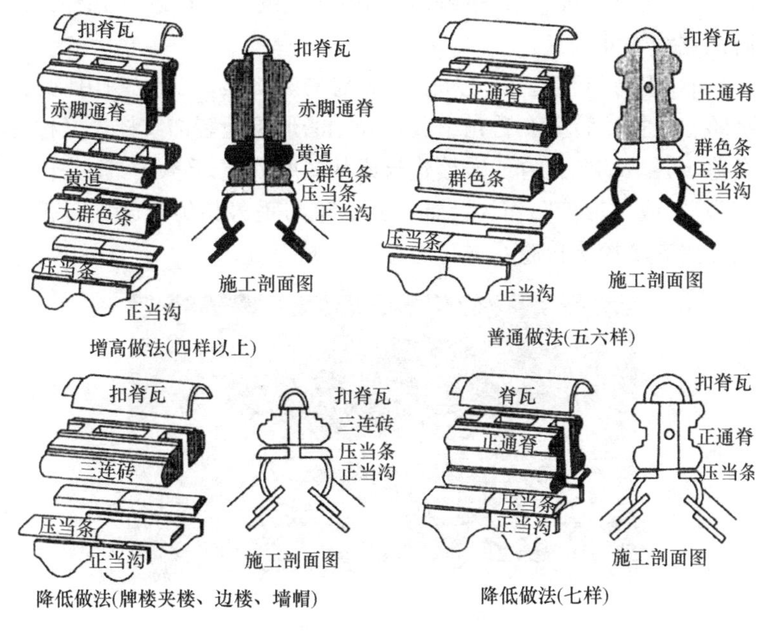

图 7-10　琉璃正脊构造

脊筒、扣脊瓦等构成。多用于盝顶屋面正脊，须增设钢筋细石混凝土填充，才能达到结构稳固性。

d）过垄脊：前后坡屋面交界处的底瓦垄和盖瓦垄均呈圆弧状，将顶部圆滑连接。正中底瓦采用折腰瓦，前后坡采用续折腰瓦。正中盖瓦采用罗锅瓦，前后坡采用续罗锅瓦相互连接。应用于卷棚式硬山、悬山和歇山屋顶的正脊部位。

2）琉璃正脊的关键部位尺度

a）正脊高度：指的是从正当沟瓦底至扣脊筒瓦上皮的距离。一般可以采用以下三种方法来确定：①所有脊件相加求总高；②1/5 檐柱高；③根据板瓦宽度求总高，二～四样：正脊高∶板瓦宽＝3.5∶1，五～七样：正脊高∶板瓦宽＝2.5∶1，八、九样：正脊高∶板瓦宽＝1∶1。正脊的高度要在正吻吞口范围以内，有“正脊不淹唇”之说。

b）正脊厚度：二～四样：比筒瓦宽约 3 寸；五～九样：比筒瓦宽约 4 寸。

c）正吻与正脊兽：为正脊端部的装饰构件。正吻由吻兽、吻座、箭把、背兽和兽角组成，以龙的形象为装饰纹样，又称吞脊兽，吞口朝向正脊。城楼建筑或某些府邸建筑常用“探头兽”、“望兽”或“带兽”作为装饰，其形象与垂兽相仿，放置时兽口朝外。有“探头兽吃八方”之说，见图 7-11。

图 7-11　琉璃正脊实例

（2）琉璃垂脊

与正脊或宝顶相交的脊统称为垂脊。琉璃垂脊的样数与屋面瓦样相同，对于墙帽、影壁、牌楼小型门楼等坡面较小的建筑，垂脊高度应降低。垂脊的高度以垂兽为界分为兽前与兽后两个部分，兽前因为要摆放仙人及走兽，脊身采用三连砖。兽后则要高一些，脊身采用垂脊筒。垂脊末端斜高不得高于正脊高度。垂兽位置的确定：①有斗拱的建筑在正心桁位置，无斗拱的建筑在檐檩位置；②无桁檩者，一般在坡长的 1/3 处。屋面坡长过长或过短时，具体位置根据仙人小跑所占长度确定，见图 7-12。

1）庑殿顶垂脊（也叫庑殿脊）：庑殿脊随屋面交线出现垂直方向和侧旁方向两个曲度。脊的最前端各部构件依次为螳螂勾头、倘头、撺头、方眼勾头。其后由燕翅当沟、当沟墙（胎子）、压当条、兽前三连砖、仙人走兽、垂兽座、垂兽及兽角、垂脊筒、扣脊瓦等构成，脊的末端与正吻相接处用一块“割角脊筒”，见图 7-13。

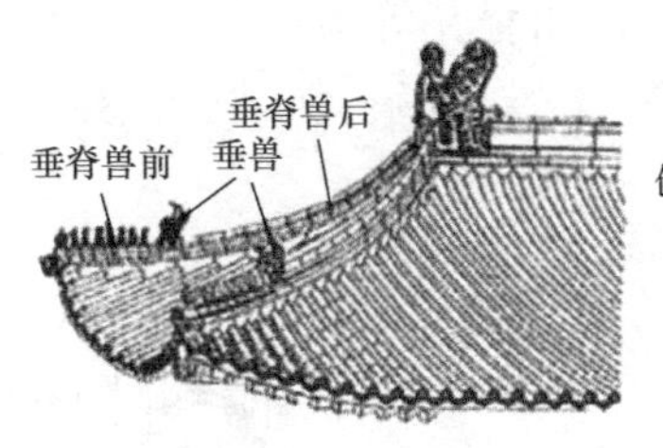

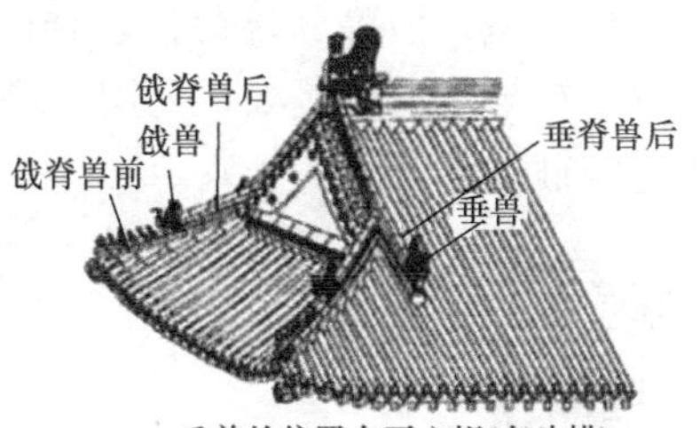

图 7-12　垂兽位置示意

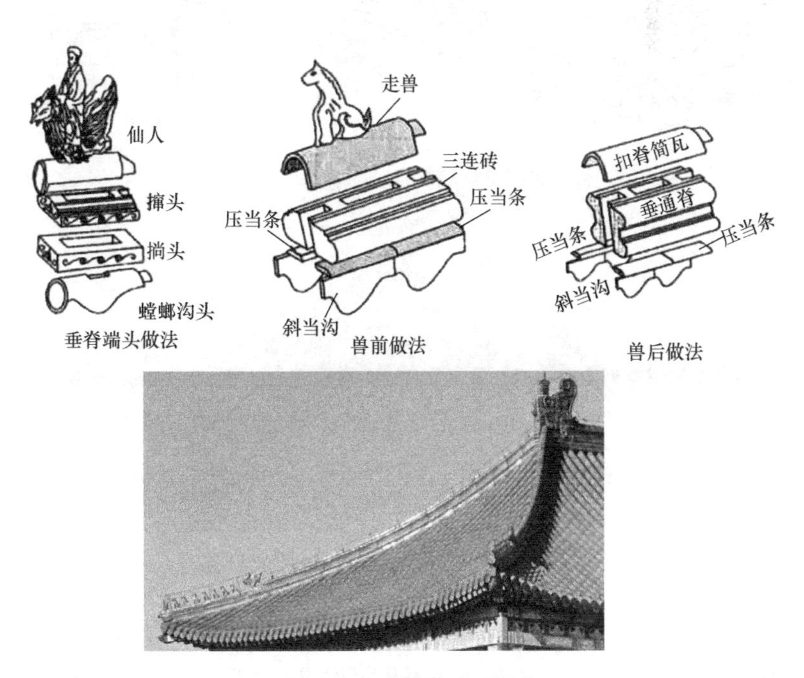

图 7-13　庑殿琉璃垂脊

2）歇山顶垂脊：垂脊最前端为托泥当沟，在之上摆砌压当条、垂兽座和垂兽、兽角，其后山花部分以上由铃铛瓦（沟、滴）、耳子瓦、正当沟、当沟墙（胎子）、哑巴垄上平口条、压当条、垂兽座、垂兽、兽角、垂脊筒、扣脊瓦等构成（图 7-14）。垂脊末端与正吻相接处，要用一块“戗尖脊筒”，如圆山卷棚式还应做箍头脊（图 7-15）。

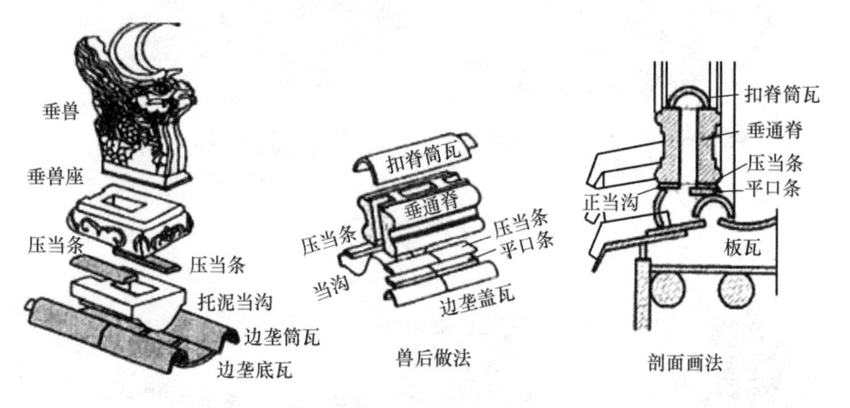

图 7-14　歇山琉璃垂脊构造

图 7-15　歇山卷棚箍头脊

3）硬山、悬山顶垂脊：一般分为三种做法：a）披水梢垄：由披水头、披水砖、边梢垄底盖瓦等构成，不附加其他垂脊构件（图 7-16）；b）披水排山：由披水头、披水砖、边梢垄底、盖瓦、托泥当沟、平口条、压当条、垂兽座、垂兽及兽角、垂脊筒、扣脊瓦等构成（多用于墙帽端头或牌楼云牌博风上端）（图 7-17）；c）铃铛排山：由铃铛瓦、耳子瓦、咧角倘头、咧角撺

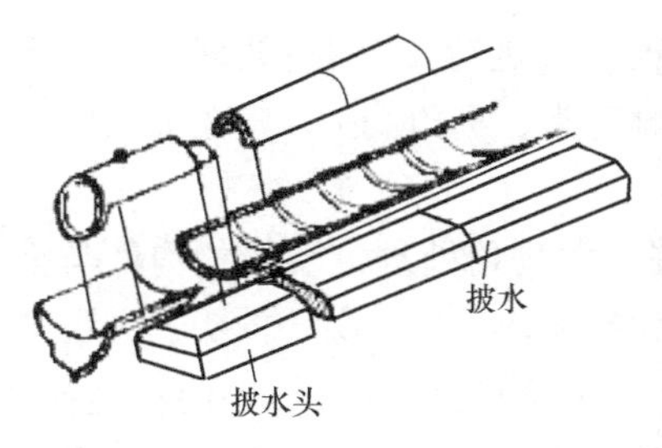

图 7-16　披水梢垄构造及实景

图 7-17　披水排山脊

头、正当沟、当沟墙（胎子）、平口条、压当条、垂兽座、垂兽及兽角、兽前三连砖、仙人走兽、垂脊筒、扣脊瓦等构成（图 7-18）。垂脊末端与正吻相接处，要用一块“戗尖脊筒”。

图 7-18　铃铛排山脊

硬山、悬山建筑的垂脊最前端要进行45°咧角处理，咧角部分的瓦件从下往上依次为：螳螂勾头、咧角倘头、咧角撺头、方眼勾头。

4）攒尖垂脊：垂脊最前端不做咧角处理，端部各构件与垂脊在一条直线上，各构件依次为螳螂勾头、倘头、撺头、方眼勾头，其后由燕翅当沟、当沟墙（胎子）、压当条、兽前三连砖、仙人走兽、垂兽座、垂兽、兽角、垂脊筒、扣脊瓦等构成。脊的末端与宝顶相接处，要用一块“燕尾戗尖脊筒”（图7-19、图7-20）。

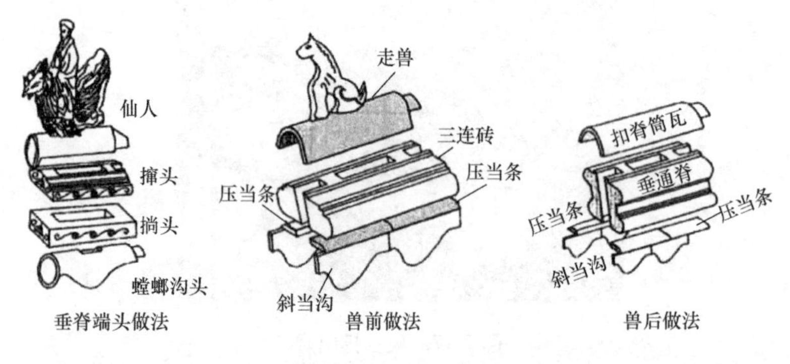

图7-19　庑殿、攒尖垂脊构造

图7-20　攒尖琉璃垂脊实例

(3) 琉璃戗脊、岔脊、角脊

戗脊是重檐建筑下檐屋面转角处沿角梁向上与围脊相交的脊

(图 7-21)。

岔脊是歇山建筑沿角梁向上与垂脊相交的脊(图 7-22)。

图 7-21　重檐屋面戗脊

图 7-22　歇山屋面岔脊

角脊是盝顶、游廊屋顶转角处沿角梁向上与正脊相交的脊(图 7-23、图 7-24)。

图 7-23　盝顶角脊

图 7-24　游廊角脊

三者从构造上非常相似，脊分为兽前和兽后两个部分。兽前主体采用三连砖，兽后主体采用戗、岔脊筒。戗、角脊与合角吻相交处采用燕尾戗尖脊筒，岔脊与垂脊相交处采用割角脊筒。

八样、九样琉璃瓦屋面或牌楼、影壁、墙帽等屋面的戗脊，常采用降低高度的做法，兽后不采用脊筒子，改用大连砖(承奉连砖）或三连砖，兽前则使用三连砖或小连砖，若兽后使用三连砖或小连砖，兽前的压当条之上仅用平口条，平口条之上直接放走兽。撺、倘头改用三仙盘子，见图 7-25。

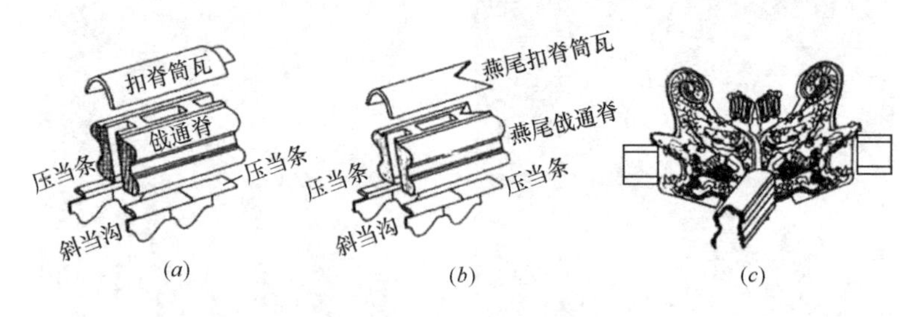

图 7-25　戗脊与角脊构造

（a）戗脊兽后；（b）角脊兽后；（c）合角吻

（4）琉璃仙人走兽

仙人走兽位于戗、岔脊兽前部分，仙人在前，其后小跑先后顺序为：龙、凤、狮子、天马、海马、狻猊、押鱼、獬豸、斗牛、行什。小跑的数目除了北京故宫太和殿（图 7-26）用 10 个以外，其他建筑最多使用 9 个。少于 9 个的在排序时天马与海马、狻猊与押鱼的位置可以互换。小跑的数目一般为单数，影壁、牌楼、小型门楼等屋面坡短者，可摆放 2 个。小兽与小兽之间的距离可依小兽的数量和垂脊兽前的长度而变化，但小跑与垂（戗）兽之间要安放一块筒瓦，俗称“兽前一块瓦”。

图 7-26　故宫太和殿垂脊仙人走兽排列

（5）琉璃博脊

博脊是歇山顶山花板与撒头相交处所做的单面水平脊，有琉璃做法与黑活做法之分。琉璃博脊由博脊身和两端的博脊尖组成，博脊身自下而上有正当沟、压当条、博脊连砖或承奉连砖、博脊瓦等构件叠砌而成，两端是博脊挂尖。若博脊需加高时，则用博通脊代替博脊连砖，两端也更换为博通脊挂尖，见图 7-27、图 7-28。

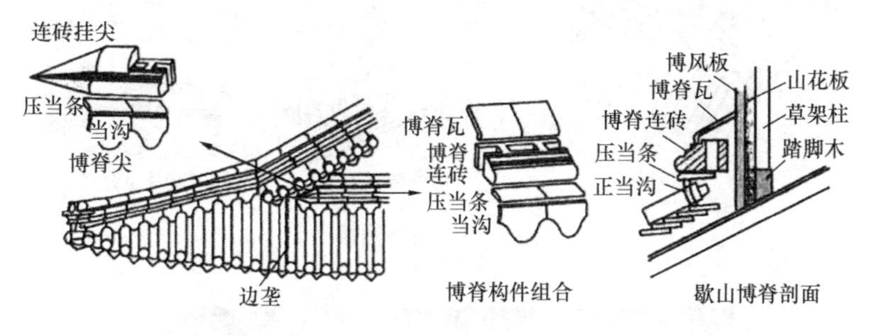

图 7-27　博脊构造

图 7-28　博脊实例

（6）琉璃围脊

围脊是重檐建筑下层屋面顶部与木构架（如承椽枋、围脊板、枋等）相交处的水平脊，呈四面围合状。围脊也是一种单面脊，里边紧贴围脊板，常见的构件自下而上有正当沟、压当条、围通脊、蹬脚瓦、满面砖。当建筑体量较大时，比如瓦件在四样以上，可加一层裙色条。当围脊需要降低时，可将博通脊、蹬脚瓦和满面砖改作博脊连砖和博脊瓦。围脊构件尺寸主要根据瓦面至木额枋之间的距离决定，以围脊的上皮不超过木额枋的下皮为宜，在围脊转角部位采用合角吻或合角兽，见图 7-29、图 7-30。

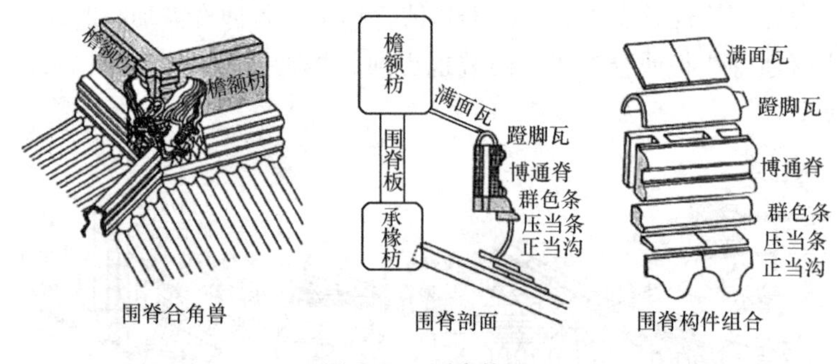

图 7-29　围脊构造

图 7-30　围脊实例

(7) 琉璃宝顶

宝顶常用于攒尖建筑顶部或正脊的中部。琉璃宝顶的造型大多为须弥座上加顶珠的形式，也可以做成其他形式，如宝塔形、炼丹炉形、鼎形等，见图 7-31、图 7-32。常见的宝顶形式可分为宝顶座和宝顶珠两部分，无论屋顶平面是何种形状，琉璃宝顶的顶座平面大多为圆形，顶珠也多为圆形，但也可以做成四方形、六方形或八方形等。小型的顶珠多为琉璃制品，大型的常为铜胎鎏金做法（图 7-33、图 7-34）。

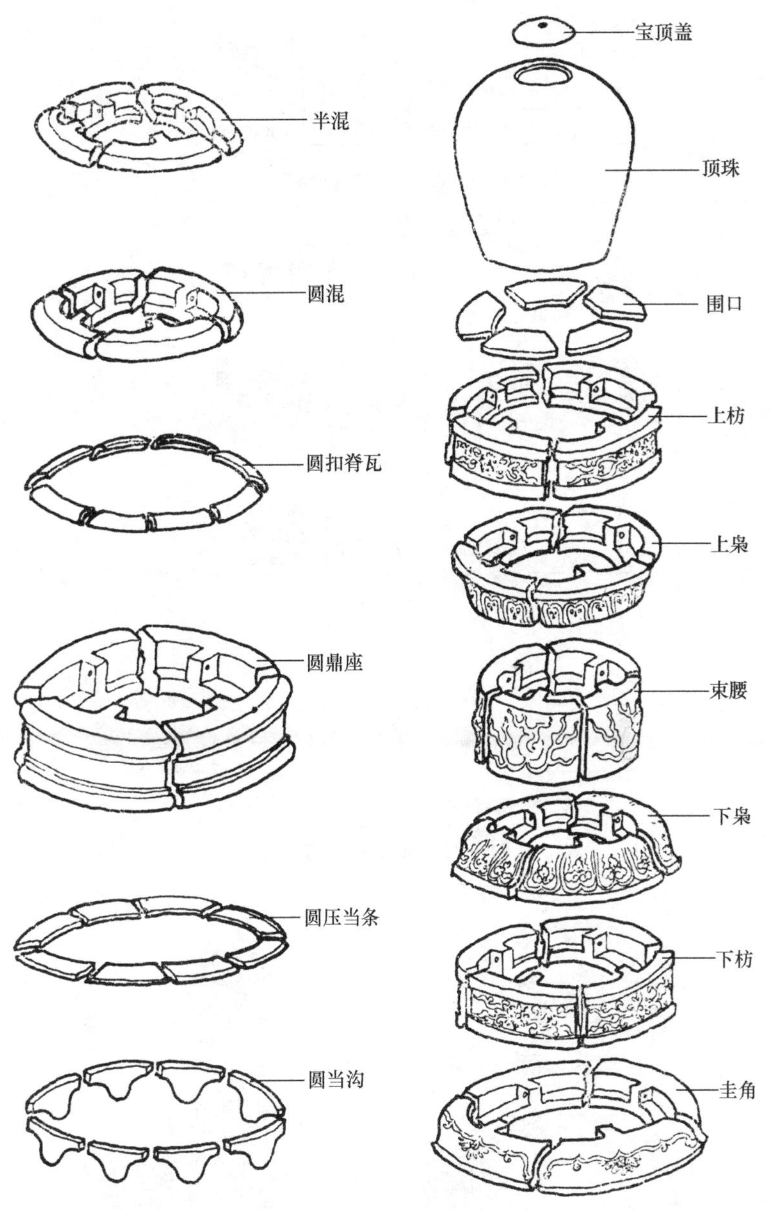

图 7-31　琉璃宝顶的构成

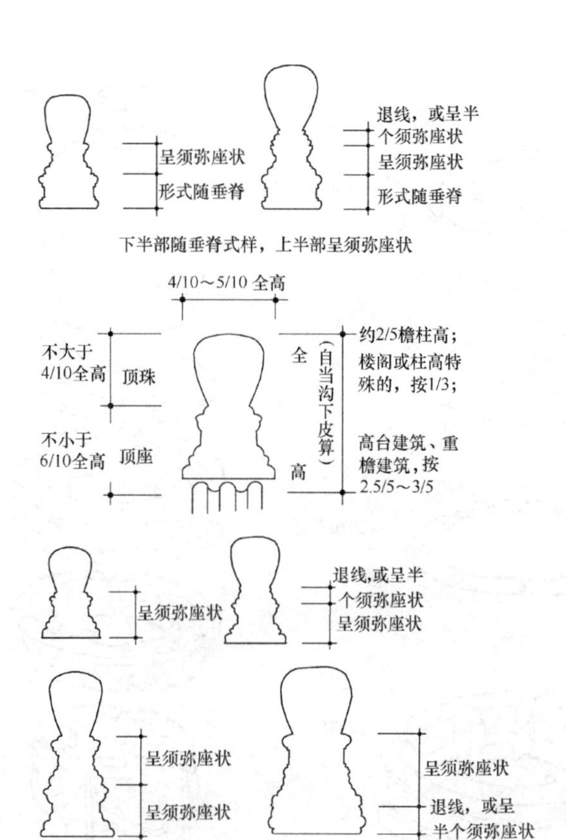

图 7-32　琉璃宝顶的尺度

图 7-33　琉璃宝顶实例

图 7-34　铜胎鎏金宝顶实例

2. 布瓦屋脊构造

(1) 布瓦正脊：分大式与小式正脊。

1) 大式正脊：用于起脊的庑殿、歇山、悬山和硬山建筑屋顶上。与琉璃正脊所不同的是，大式正脊不使用烧制成型的正脊筒子，主要采用砖和瓦件砍制出所需构件，逐层垒砌而成。在大式正脊两端也采用吻兽或正脊兽，但均为不上釉的烧制构件。大式正脊的构造有普通做法、“三砖五瓦”做法、花瓦脊做法及花脊做法四种。

① 普通做法：正脊自下而上依次为：当沟墙（胎子砖）、二层瓦条、下层圆混、陡板、上层圆混、筒瓦眉子。其中当沟墙为大式正脊的基础，其宽度应等于正脊中陡板边线之间的距离，高度约等于一块筒瓦的宽度。在正脊当沟墙两侧，一般不采用当沟瓦，而是顺脊摆放草绳或麻绳，然后再用麻刀灰分层堆抹出当沟，这种做法又称为拽当沟。瓦条有两种做法，用砖砍制的叫作“硬瓦条”。用板瓦从中间断开，再用花灰砌抹成型的叫作“软瓦条”。瓦条厚度约为一砖厚，板瓦较薄，需用灰泥垫衬。混砖由青砖磨制而成，一侧为半圆或四分之一圆的砖料。半圆的称为圆混，四分之一圆弧的叫作半混。混砖在陡板上下两侧使用，既能承托上部构件，也起到一定的装饰作用。眉子是在上层圆混之上盖筒瓦，筒瓦两侧及上部抹一层麻刀灰，叫作托眉子。眉子与混砖之间应留出 10～15mm 的空隙，称为眉子沟。正脊所有瓦件的总高，不应超过正吻的吞口，后做到“正脊不淹唇”。

②“三砖五瓦”做法：是一种正脊增高的做法，多用于比较重要的庙宇、宫殿建筑。在普通做法的基础上，在下层混砖之上和上层混砖的上、下部位各加一层瓦条，使瓦条的数量增加为 5 层（图 7-35）。

③ 花瓦脊做法：俗称“玲珑脊”，其特点是将陡板部分用筒瓦或板瓦摆成各种漏窗图案。这种做法是借鉴南方建筑风格而来，形式活泼（图 7-36）。

④ 花脊做法：其特点是在陡板面上雕做花饰，图案多为卷

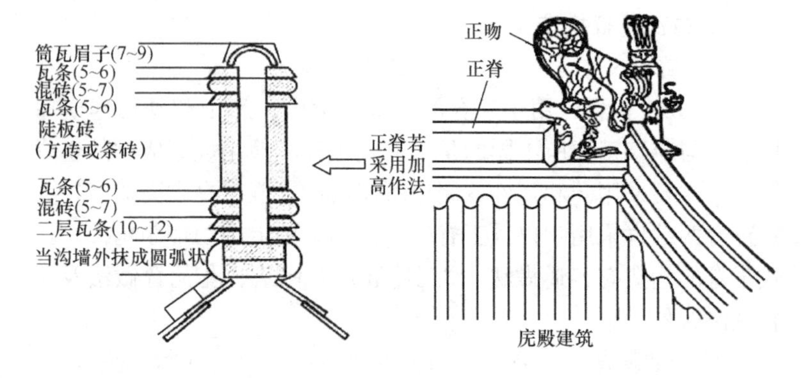

图 7-35　大式正脊“三砖五瓦”做法

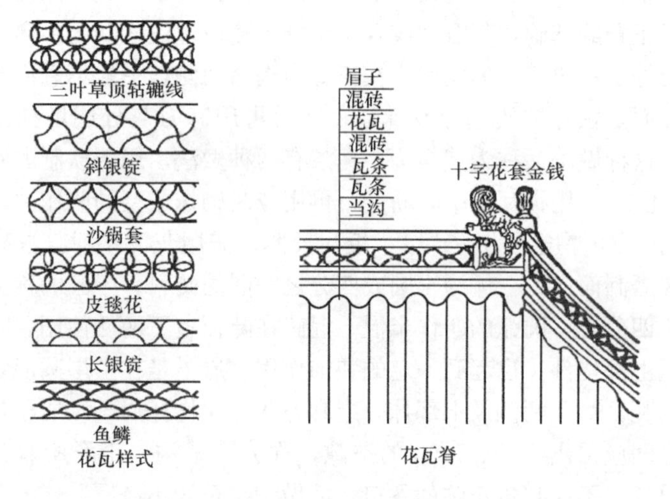

图 7-36　大式正脊花瓦脊做法

草、宝相花、二龙戏珠、丹凤朝阳等。花脊的做法多见于庙宇、王府和地方民居建筑（图 7-37）。

大式正吻部位构造：在大式正脊两侧安装有正吻，正吻安装在混砖和两端的天盘之上。两端吻下构件主要有：坐中勾头、主角、面筋条、天地盘等（图 7-38）。

2）小式正脊：屋脊不使用吻兽、垂兽、角兽、仙人走兽或狮马小跑等。常见的小式正脊有皮条脊、清水脊及扁担脊等。

图 7-37　大式正脊花脊

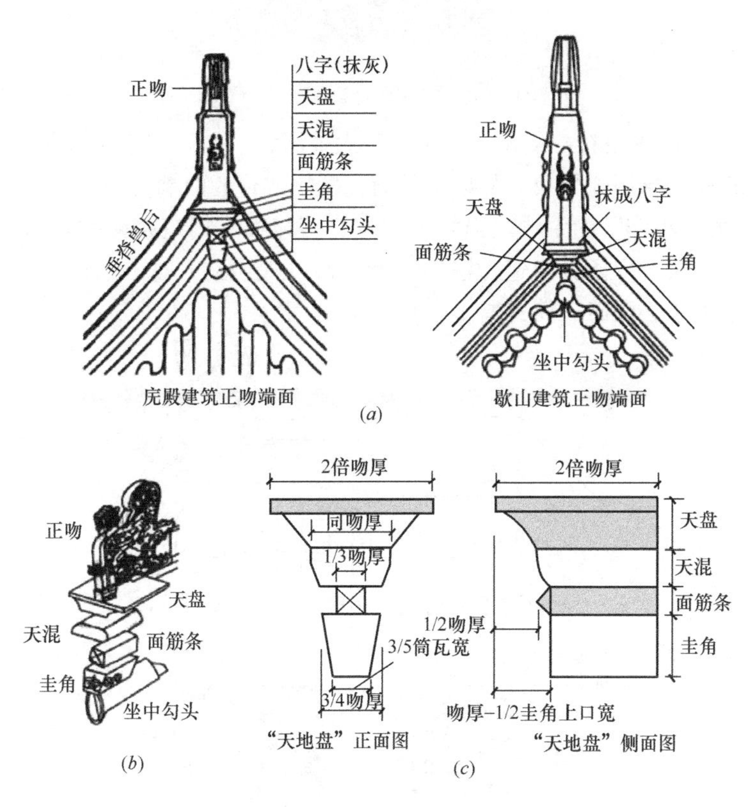

图 7-38　大式正脊正吻构造（一）

(*a*) 正吻端面；(*b*) 正吻及吻下构件组成；(*c*) 吻下各构件尺度

图 7-38　大式正脊正吻构造（二）

① 皮条脊：皮条脊既可用于大式屋脊，也可用于小式屋脊。若皮条脊用 3 号及 3 号以上的筒瓦墙帽或脊的两端使用吻兽时为“大式小作”的手法。当脊的两端直接与披水梢垄相接时，为小式做法。皮条脊构造做法为：胎子砖（拽当沟）、头层瓦条、二层瓦条、混砖、筒瓦眉子（图 7-39）。

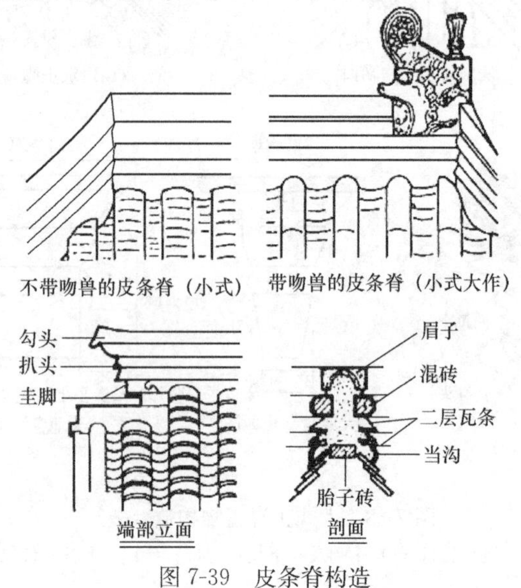

图 7-39　皮条脊构造

② 清水脊：小式建筑中正脊最复杂的一种。其造型别致，在两端向上翘起作“蝎子尾”状，并且在其下砌有雕饰花纹的平草砖及圭角盘子。清水脊屋面的瓦垄可分为三段，两端各有两垄低坡垄，低坡垄相交处为小脊子。两端低坡垄之间为高坡垄，高坡垄相交处即为清水脊。清水脊分为脊身和脊端两部分。脊身由下而上依次为：瓦圈、条头砖、二层蒙头瓦、头层瓦条、二层瓦条、圆混、筒瓦眉子。脊端构造由下而上依次为：圭角、盘子、头层瓦条、二层瓦条、雕花草砖、蝎子尾（图 7-40、图 7-41）。

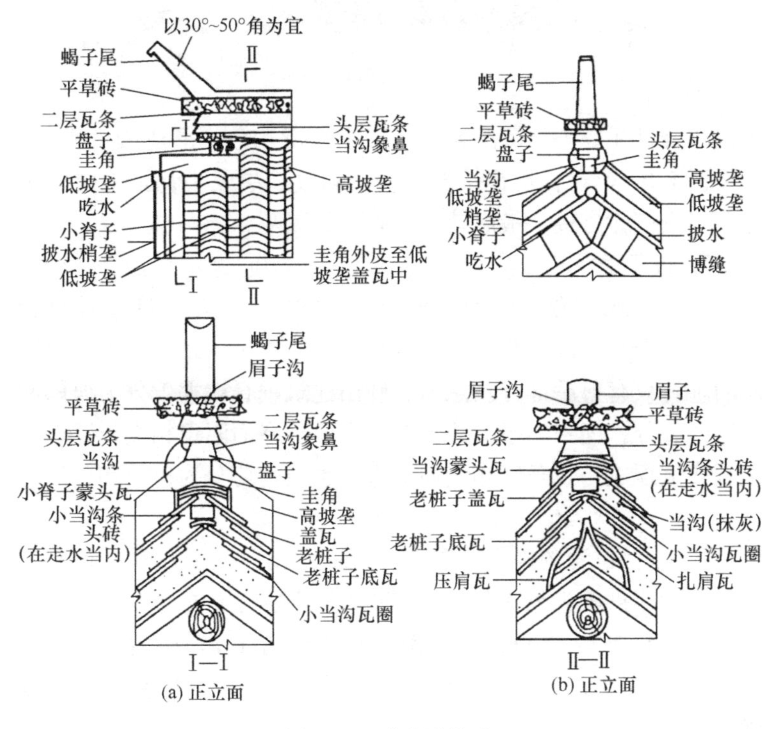

图 7-40 清水脊构造

③ 扁担脊：小式建筑中较为简单的一种正脊，多用于干槎瓦屋面、石板瓦屋面，也可用于仰瓦灰梗屋面。其构造做法为：在两坡底瓦交接缝处坐灰扣放瓦圈，在瓦圈之间，即底瓦垄之间

图 7-41　清水脊实例

扣盖“合目瓦”（合目瓦为板瓦一正一反扣放，形成锁链图案，又称锁链瓦），在合目瓦接缝处坐灰扣放二层蒙头瓦，二层蒙头瓦之间应错缝搭接，最后抹勾瓦脸，见图 7-42。

3. 布瓦垂脊

（1）大式垂脊：分为两种类型：歇山、悬山、硬山垂脊相似，均位于两山部位与正脊垂直相交，又称排山脊。其中歇山屋面的垂脊只有兽后部分。悬山、硬山建筑垂脊被垂兽分为兽前和兽后两部分。庑殿与攒尖建筑的垂脊位于屋面阳角相交位置，与正脊或宝顶成一定角度相交而下垂。也被垂兽分为兽前和兽后两部分。

1）垂兽位置的确定：①有斗拱的硬山、悬山建筑在正心桁位置（无斗拱者为檐檩位置）；歇山在挑檐桁位置（无斗拱者为檐檩位置）；②无桁檩者，一般可按兽前占 1/3，兽后占 2/3 计算；屋面坡长过长或过短时，应按狮、马小跑数量和所占长度确定。

2）垂脊高度控制：大式垂脊兽后部分一般与正吻相交，其高度控制可按照以下原则进行：①兽后垂脊的斜高不高于正脊的高度；②垂脊的眉子不应超过垂兽的龙爪高度，即符合“垂脊不淹爪”的原则。

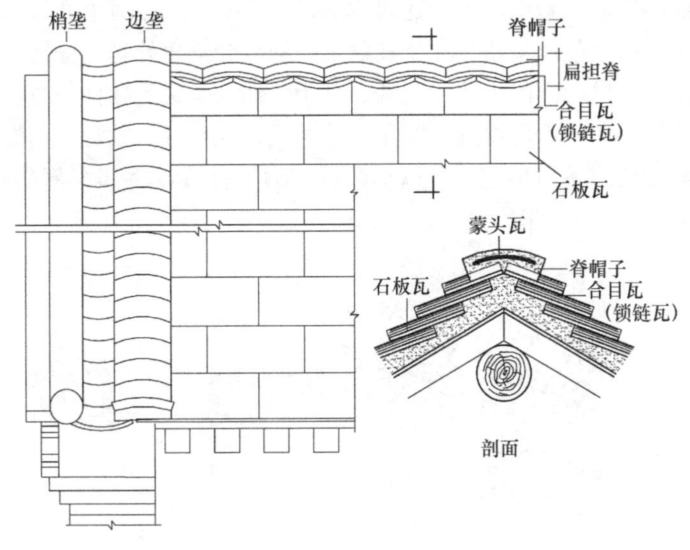

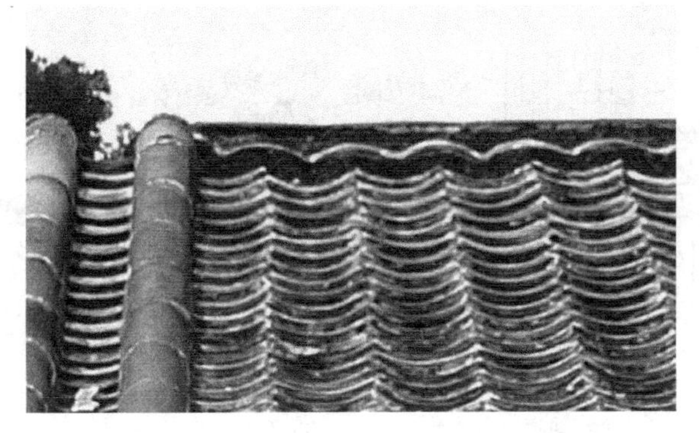

图 7-42　扁担脊构造及实例

3）垂脊构造：①兽后构造。做法与正脊基本相同，只是陡板的高度比正脊要低。其构造自下而上为，当沟墙（胎子砖）、二层瓦条、圆混、陡板砖、圆混。当沟墙一般为 1～2 层砖，上皮高度应与垂脊端部的圭角同高，宽度应与垂脊的眉子同宽；②兽前构造。垂脊兽前要安放狮马小跑，高度要比兽后降低。其构造层次为，当沟墙（胎子砖）、一层瓦条、圆混、筒瓦眉子；

③端部构造。悬山、硬山建筑垂脊端部要进行45°吻角处理，构件自下而上包括圭角、瓦条和盘子，均需要割角处理。庑殿、攒尖建筑垂脊端部的圭角、瓦条、盘子、仙人勾头等构件与垂脊在一条直线上，不需要进行割角；④大式建筑垂脊（戗脊与角脊）。兽前常使用狮马小跑，并以单数计，狮子打头，后部全部用马，数量最多5个（图7-43）。

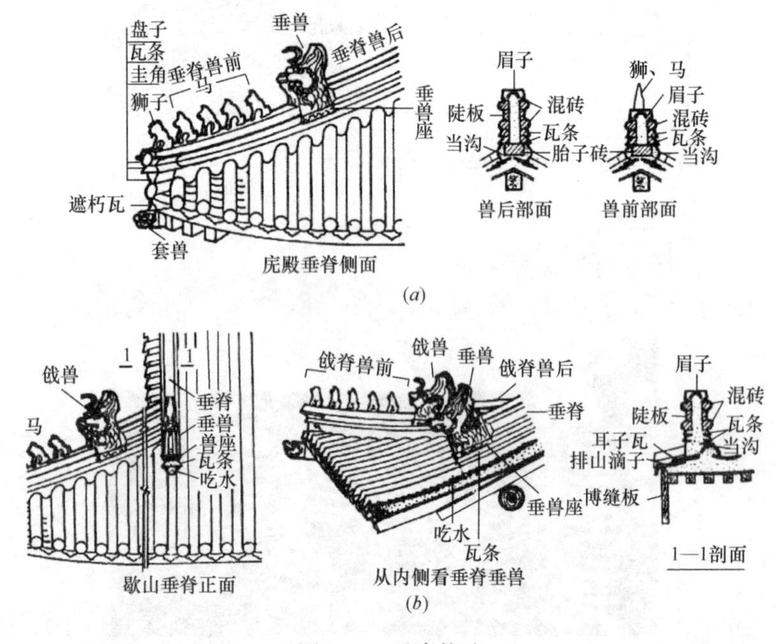

图7-43　垂脊构造

（*a*）庑殿垂脊构造（攒尖建筑同）；（*b*）歇山建筑垂脊构造（悬山、硬山建筑同）

（2）小式垂脊

布瓦屋面小式垂脊有以下三种类型（图7-44）：

1）铃铛排山脊：只用于卷棚顶，以勾头、滴水交互排列，垂直于博风且略探出，形似铃铛。在顶部采用罗锅构件和续罗锅构件进行前后坡的过渡。其构造自下而上依次为：当沟、压当条（一层或二层）、圆混、筒瓦眉子。铃铛排山脊前端部依次安装圭

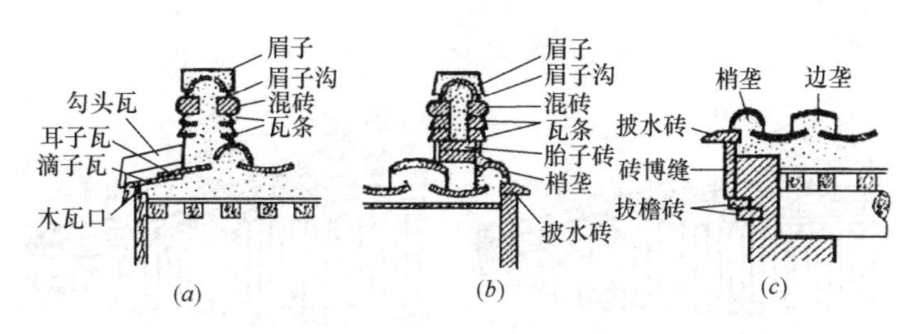

图 7-44　小式垂脊三种常见构造

（a）小式铃铛排山脊构造；（b）披水排山脊构造；（c）披水梢垄构造

角、瓦条、咧角盘子和勾头眉子。

2）披水排山脊：披水排山脊与铃铛排山脊不同之处在于前者不做排山勾滴，博缝之上砌一层披水砖檐，脊身直接安放于边垄与梢垄之上。

3）披水梢垄：披水梢垄不能算作垂脊。披水梢垄的具体做法为，在博缝砖上砌披水砖，然后在边垄底瓦和披水砖之上扣一垄筒瓦。

4. 布瓦戗脊与角脊

戗脊与角脊做法与庑殿建筑垂脊做法基本和同，但应注意：（1）戗脊兽后应比垂脊略低：（2）角脊总高不应超过合角吻的腿肘，与合角吻相交的脊件应打“割角”，以保证交接紧密。

5. 布瓦博脊

博脊构造有三种做法：一种为仿琉璃挂尖做法，博脊两端隐入排山勾滴里，博脊两端的瓦件应当仿照挂尖的角度砍制；另一种为平接戗脊法，博脊与戗脊逐层平接交圈；第三种为弯接戗脊法，当博脊位置较低不能与戗脊平接时，可以将两端向斜上方砌筑，以求与戗脊交圈（图 7-45）。

6. 布瓦围脊

围脊的做法有两种，一种与正脊做法相同，在围脊的四角放置合角吻；另一种与博脊构造做法相同，可不用合角吻，四条围脊直接交圈（图 7-46）。

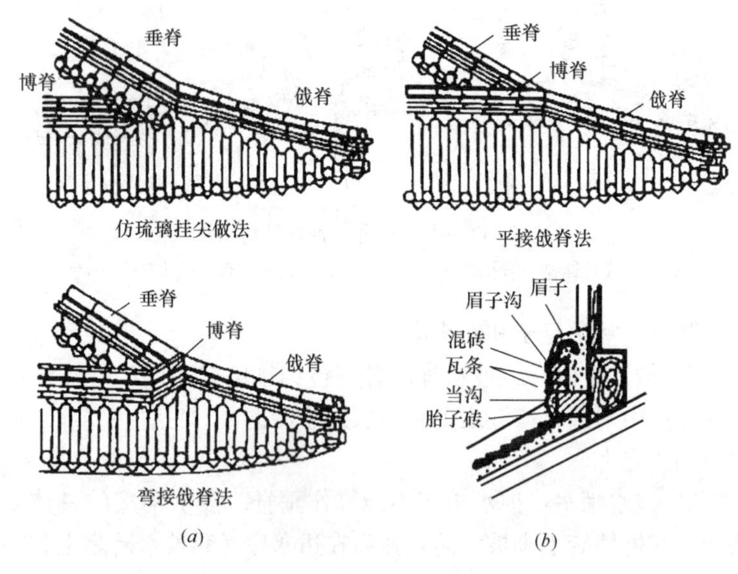

图 7-45　博脊构造

(a) 黑活博脊的连接方法；(b) 黑活博脊构造

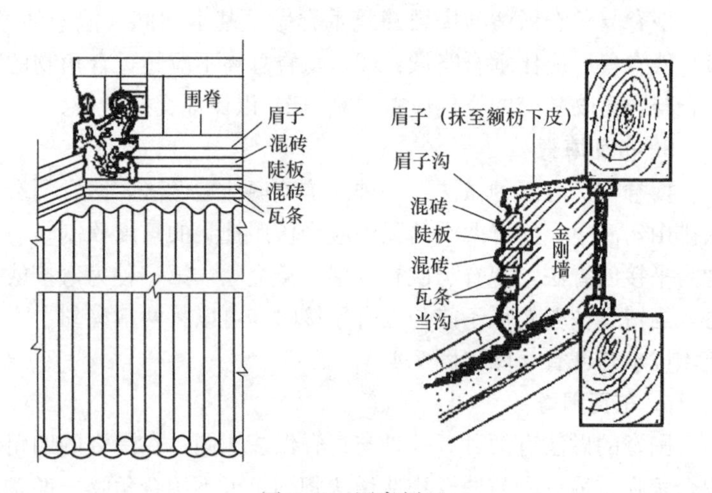

图 7-46　围脊剖面

7. 布瓦屋脊对应的宝顶

用在攒尖建筑顶部，其造型与琉璃宝顶较为相似，一般由宝顶座加顶珠组合组成。

（1）宝顶的尺度权衡：当建筑的檐柱高度在 9 尺以内时，宝顶总高一般可以按照 2/5 檐柱高定高，如柱子很高或者是楼阁建筑等，可以按照 1/3 檐柱高定高。山地建筑、高台建筑及重檐建筑的宝顶，应适当增加，一般可以控制在 1/2～3/5 檐柱高范围内。宝顶的顶座高度一般不小于 3/5 宝顶全高，顶珠高不超过 2/5 全高，宝顶的总宽度（直径）为 4/10～5/10 全高（图7-47）。

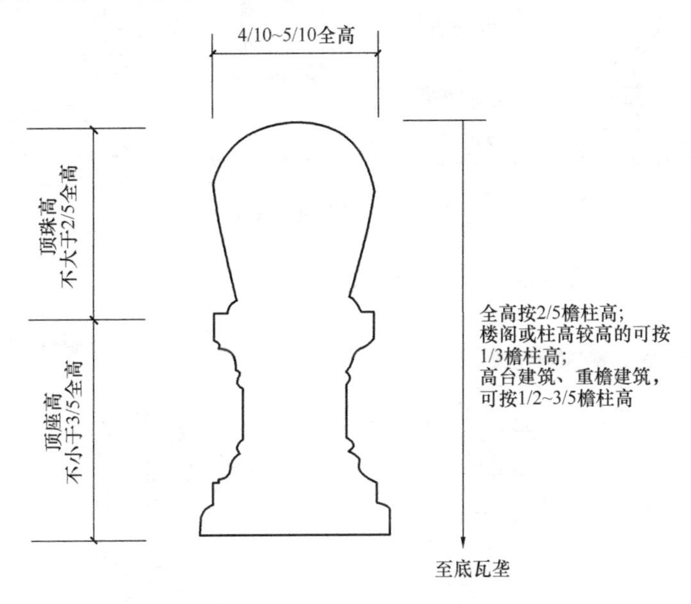

图 7-47　宝顶尺寸布局

（2）宝顶的形式：宝顶顶座的平面形式一般与攒尖建筑的屋顶平面相同，如屋顶为六边形，则顶座也为六边形。宝顶顶柱的形式多呈圆形，也可做成四方、六方、八方等形状（图7-48）。

（3）宝顶与屋脊的结合方式：宝顶与屋脊的结合方式有两种：一种是宝顶落在底座上，底座的做法与垂脊的做法相同；另

图 7-48　宝顶的各种形式

一种是宝顶直接落在瓦垄的当沟上（图 7-49）。

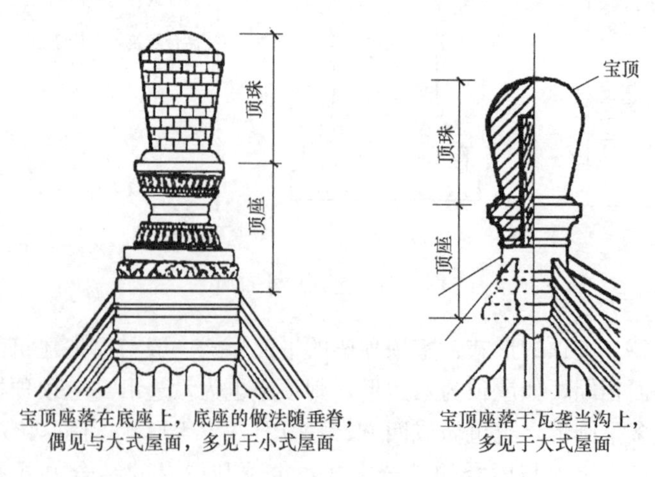

图 7-49　宝顶与屋脊的结合方式

（三）屋面构造组成

古建筑屋面主要由基层、苫背层、结合层和瓦面四部分组成。

1. 基层

基层为铺设在木椽子之上的构造层，基层要有足够的刚度，以免变形过大引起上部苫背层的开裂。

（1）传统小式建筑基层做法：1）木望板、席箔或苇箔。席箔或苇箔厚度较薄，将其覆盖在房屋椽木之上时往往需要数层叠压在一起；2）荆笆、竹笆。这是按规定尺寸将荆条或竹片纵横编织成的笆席制品，其受力性能要好于席箔或苇箔。

（2）传统大式建筑基层做法：木望板是铺设在椽子之上的木板，一般为松木板，厚度在18～25mm，多见于北方建筑。望砖是铺在椽子上的薄砖，规格与斧刃砖接近，厚度更薄，只有18～20mm，多见于南方建筑。

2. 苫背层

苫背层分为泥背层和灰背层，苫背层兼有保温和防水作用。北方建筑屋顶的苫背层厚度厚，一般民居为60～80mm，宫殿建筑为100～140mm。南方普通房屋虽然很少使用苫背层，而是将瓦件直接搭置在椽子之上，但一些庙宇、祠堂等主要建筑，也有较厚的苫背层。

（1）泥背：用于屋面基层之上，有滑秸泥背或麻刀泥背两种，滑秸泥背是在掺灰泥中加入用石灰水烧软的麦秸而成。掺灰泥按泼灰∶黄土＝3∶7或4∶6或5∶5（体积比）配制，灰泥∶麦秸按100∶20（体积比）配制。麻刀泥背是在掺灰泥中加入麻刀制成。掺灰泥按泼灰∶黄土＝3∶7或4∶6或5∶5（体积比）配制，灰泥：麻刀按100∶6（体积比）配制。泥背每层厚度40～50mm，一般不超过50mm。

（2）灰背：用于泥背之上，有月白灰背和青灰背两种，月白灰背为大麻刀灰，青灰背在大麻刀灰的基础上反复加青浆赶轧。灰背每层厚度 20～30mm，一般不超过 30mm。

3. 结合层

结合层是灰背层与屋面瓦之间的构造层，一般称为盖瓦泥或底瓦泥，是由泼灰和黄土摔匀后加水搅拌而成，布瓦屋面掺灰泥配合比为 4∶6，琉璃屋面掺灰泥配合比为 5∶5。底瓦泥层厚一般为 40mm。

4. 瓦面

瓦面可分为布瓦屋面和琉璃瓦屋面。古建筑屋顶处理以排水为主、防水为辅，为了做到排水顺畅，屋面都具有较大的排水坡度。为了起到更好的防水作用要特别注意屋面瓦的摆放和缝隙的处理。

琉璃瓦屋面中底瓦的安放应窄头朝下，从下往上依次摆放。底瓦的搭接要“压六露四”，做到三搭头（即每三块瓦中，第一块和第三块瓦能做到首尾搭头）。在檐头和靠近脊的部位，瓦要特殊处理，即所谓的“稀瓦檐头密瓦脊”，底瓦要合蔓，不喝风（即要求底瓦合缝严实）。筒瓦应从下往上依次安放，在筒瓦与筒瓦之间相接的地方用小麻刀灰勾抹严实称为捉节，将筒瓦与底瓦之间的睁眼用夹垄灰抹平，叫夹垄。布瓦屋面中筒瓦屋面要求与琉璃瓦屋面相似，合瓦屋面瓦的摆放与搭接为：底瓦小头朝下、盖瓦大头朝下，搭接一般也要做到压六露四。

（四）屋 面 营 造

古建筑屋面工程包括底层苫背、屋面铺瓦和屋面筑脊等施工内容。其常规流程为：屋面材料选择→望砖铺设、望板勾缝→基层修整及防水处理→苫背铺设→弹线放样→瓦片铺设→表面清理。

1. 屋面材料选择（瓦、饰件等）

望砖筛选要求（南方做法）：要求口边平直、大小一致、厚薄均匀、表面平整、无明显缺角破边。

瓦件脊件筛选要求：尺寸标准，大小均匀，无明显变形，无劈裂掉角，敲击声音清脆。

琉璃瓦屋面材料的选择及构件选择应向专业砖瓦厂采购，选择色泽一致，无缺釉、流釉，使用前打掉琉璃珠。因建筑体量、制式、坡度不同，瓦件的规格也不同，因此应定向加工。

布瓦屋面材料及构件选择要求：应在铺设瓦屋面之前，采取手敲、听声、尺量、分类堆放等手段进行选择和尺寸分类。对瓦片的规格、尺寸、色泽进行挑选，剔除变形、翘曲、有裂纹、破损掉角、色差明显、尺寸偏差过大的瓦件。同一坡面选择同一色泽瓦，不能掺和使用，以达到整体色泽协调。使用前用白灰浆进行沾瓦，底瓦沾小头、盖瓦沾大头，沾瓦长度占瓦长的80%以上（北方做法）。提前4h将瓦用清水浸泡，贴前取出晾干，瓦面无水渍方可使用（南方做法）。

2. 望砖铺设望板勾缝

（1）望砖铺设（南方做法）

木椽安钉结束后，瓦工在木椽上铺设望砖（图7-50）。望砖铺设一般分为糙望和细望两种。

1）糙望砖铺设：所谓糙望即砖体不做边，不光面，不刷浆披线就直接铺盖望砖。此种形式的望砖一般铺设在仰视看不见的地方：即底部另增轩界，如走廊、回廊界、棋盘顶装饰、檐口出檐椽上飞椽底段及不需要装饰的飞椽上段。

披线望砖：即表面经过一般补浆，无明显高低不平，仰视能看到望砖底面，具有一定的装饰效果。在铺设披线望砖前要对望砖进行筛选，要求口边平直、大小一致、厚薄均匀、表面平整、无明显缺角破边。望砖筛选好后要铺放在平整且干净的场地上，如现场场地不平，可铺置木板为底，然后把望砖平放在木板上，排放时要分批排列，以五块一皮、上下交叉堆叠，以免砖灰浆水流至底部，望砖结块硬化，不易浇刷。

望砖表面涂刷的砖浆水在配制时要考虑到所建房屋的总体面

积，要确保足够数量，这样涂刷出来的望砖表面颜色一致，无色差，整体效果较好。望砖表面刷浆的同时，也要为披线做好准备，披线工具包括白水桶、小木板（或瓦刀），把白水浆调制均匀，有一定浓度，备好足够的量。

准备工作结束后，进行披线，用平整小木板（或瓦刀）蘸水后直接披在浇刷好的望砖表面一边角线上，披线时考虑到瓦刀与望砖边线的角度要合理。如角度太小，披出来的线就太粗，角度太大，披出来的线就太细。如何准确把握线条的粗细均匀、角度的大小，这需要有一定实践经验的工匠师傅亲自披线。披线的粗细是否均匀，将直接影响到整体望砖铺设后的效果。

2）细望砖铺设：做细望砖俗称“细望”，规格一般为210mm×105mm×170mm。做细望砖操作工艺比一般望砖复杂，砖体表面经过一般补浆，无明显高低不平，刷浆披线后铺盖于椽上。一般用于仰视看见的地方。另外，细望砖在不同的部位安装使用，其式样可分为平直式望、弧形式望、方望等。在铺细望砖前，先进行选料，要选取表面平整、棱角分明、线条平直、方正、不变形的望砖，材料选好后，根据房屋设定要求进行加工制作。各种形状做细望的操作程序均不尽相同。

① 细平望：做细平望的操作过程为：选料合格后刨边缝及望砖表面，要求铺筑面平整、缝密，并在其上铺一层油毡隔水层，这是一种要求较高的铺望工作。砖细制作还需配备各种加工工具，如刨子、铁锤、角尺、刨铁、漆刷、磨刀石，还要搭设制作的操作台等。砖细表面刨好后，如有洞眼裂痕，就要在表面嵌补同材质的砖末和灰浆，待其表面自然干后用竹花打磨（注：做竹器时刨刮下来的竹末叫竹花），现代则采用砂纸打磨，使其表面成砖青灰色并颜色一致。

② 细轩望：“做细轩望”是指对在“轩”顶弯椽上，铺筑望砖的施工工艺。如铺筑“船篷轩望”（指铺在“船篷轩椽”弯曲部分的望砖，加工成弯弧面）；“茶壶档轩望”（指用于茶壶轩上，“茶壶档椽”拐角处的望砖）；“鹤颈轩望”（指铺在“鹤颈轩椽”

弯颈部分的望砖，加工成弯曲面形）。做圆弧形的望砖表面加工时还要配备凹形刨、刨铁。

望砖的铺设一般先铺底层轩界，铺好后在轩界望上部抹上纸筋灰粘结。因轩界不做屋面，望砖无压力，需靠纸筋灰粘结望砖，使望砖不易碰动。做好轩界再铺上层草界，在铺上层时，先铺设头界，后铺设廊界和花界，按此顺序铺排是为了能先做屋脊。

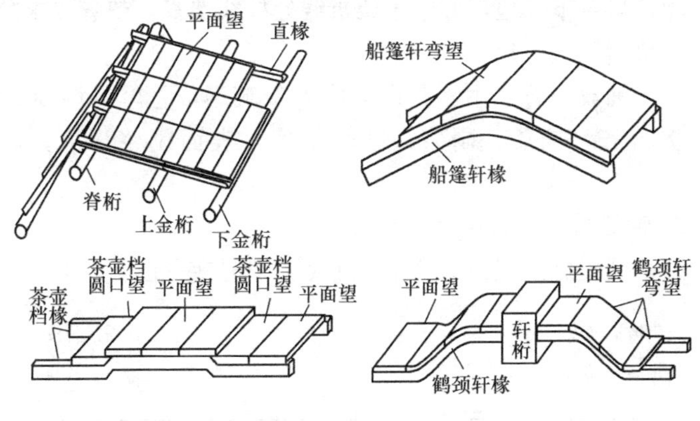

图 7-50　望砖铺设

（2）望板勾缝（北方做法）

在木望板之间大于 5mm 的缝隙，用灰勾平抹实，缝隙过大时，钉木条再勾抹。在望板上抹一层深月白灰，厚度为 10mm～20mm，主要用于保护望板和椽子。

3. 基层修整及防水处理

瓦片铺设前，应对屋面进行整体修整。两大指标：一为屋面的坡度曲线，应符合设计要求，且弧度和顺；二为各个戗角的高度、弧度应相同。修整时宜采用 1∶2 水泥砂浆铺筑屋顶面，使整个仿古建筑的屋面造型正确、坡度曲线和顺一致。

屋面防水处理：屋面应采用沥青防水卷材、高聚物改性沥青防水卷材，或合成高分子防水卷材进行防水处理。防水卷材铺贴时，应垂直于屋面坡向铺贴，采用满粘法，且应从檐口处向顶部铺贴。防水卷材的搭接长度应符合施工规范的要求。

4. 苫背铺设（护板灰、泥背、灰背）（北方做法）

（1）铺设护板灰：用深月白麻刀灰在望板上抹 15mm 厚的抹灰层，表面适当抹出糙面，以利于与泥背结合，待九成干时开始苫泥背。

（2）铺设泥背：用 3∶7 掺灰泥（滑秸泥或麻刀泥）苫制，总厚平均 80mm，分两次苫齐，分层拍实抹平，每层苫好须经初步干燥，再苫下一道，并于木架折线处拴线垫囊，垫囊要求分层进行，垫囊和缓一致。

（3）铺设灰背：用深月白大麻刀灰苫制，总厚平均 30mm，分两次苫齐，铺蕨、刷浆、赶轧坚实，表面刷浆压光，三浆三压。

5. 弹线放样（分中号垄）

（1）硬、悬山屋顶的分中、排瓦当、号垄（图 7-51）

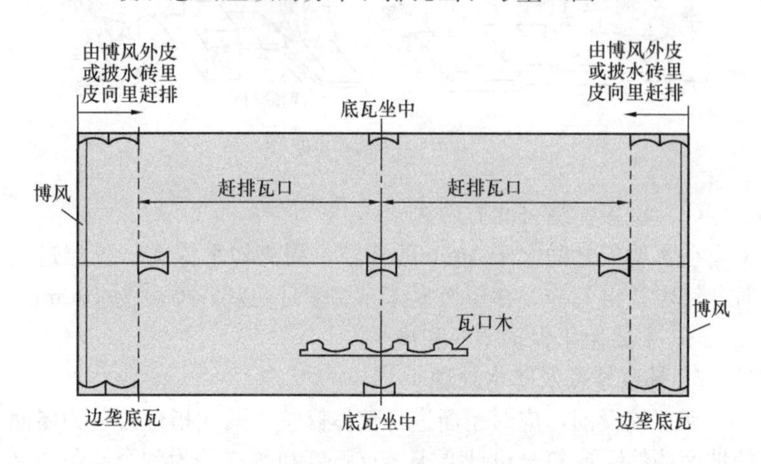

图 7-51　硬悬山屋顶的分中号垄

1）分中：先在前后檐口，找出面宽方向的长度中点，以此作为铺底瓦垄的中点，称作“底瓦坐中”。再排出边垄底瓦位置（图 7-52）：“铃铛排山”做法时，先从两山博风外皮向里量约两瓦口宽度，作为屋顶的两个底瓦边垄；“披水排山”做法时，先定出披水砖檐的位置，然后从砖檐里皮向里量约两瓦口宽度，作为屋顶的两个底瓦边垄。

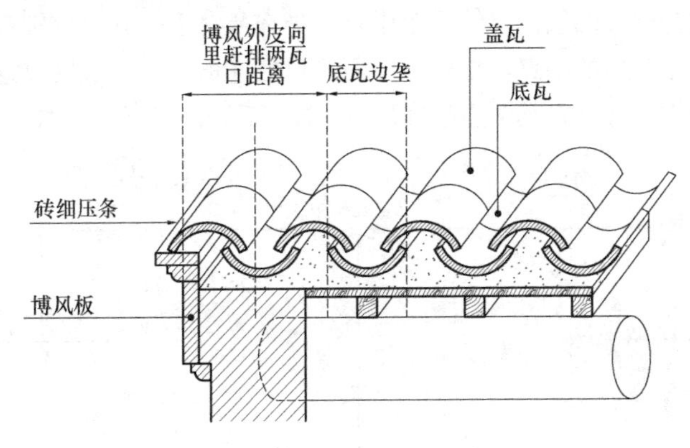

图 7-52 边垄底瓦定位

2）排瓦当：在排出两个底瓦边垄和底瓦中垄的区间内，安放瓦口木，使瓦口木的两端波谷（即凹槽），正好落在所定底瓦位置上。如果不能与所定边垄、中垄底瓦对位时，量出其差值，将差值分摊到几个蛐蜒当内，再将这几个蛐蜒当处的瓦口木锯断，称为“断瓦口”，调整瓦口木波峰间尺寸；或者在施工现场按“分中、号垄”的位置重新配制瓦口木，然后将确定好的瓦口木钉在大连檐上，瓦口木外皮退进 0.16～0.2 椽径，留出雀台。

3）号垄：将瓦口木各个盖瓦垄的中点（即瓦口木波峰中点）分别垂直平移到屋脊扎肩灰背上，做出标记号垄。

（2）庑殿屋顶的分中、排瓦当、号垄（图 7-53）

1）前后坡分中号垄：先找出正脊长度的中点（即底瓦坐中），再从屋架扶脊木两端的端头外皮，向里返 2 个瓦口宽度，并分别找出第二个瓦口中点。然后将这 3 个中点（即坐中与两边第二瓦口中）平移到前后檐的檐口上，并先钉好这 5 个瓦口。随后按上述排瓦当方法，在其间赶排瓦当，钉好瓦口木，并将各个盖瓦垄中点，号在正脊“扎肩”苫背上。

2）撒头分中号垄：首先找出脊檩上扶脊木横截面中线，将这中线，分别标记在两端“撒头”灰背上，则这条中线就是“撒头”中间一趟底瓦的中线。以该中线为中心，分别在两端各安放 3 个瓦口，并找出其两边瓦口的 2 个中点，号在灰背上。其次分别在两端将这 3 个瓦口的中点，平移到山面檐口的连檐木上，最后以这 3 瓦口为依据，分别在其两边赶排瓦当，排好后随即钉好瓦口木。

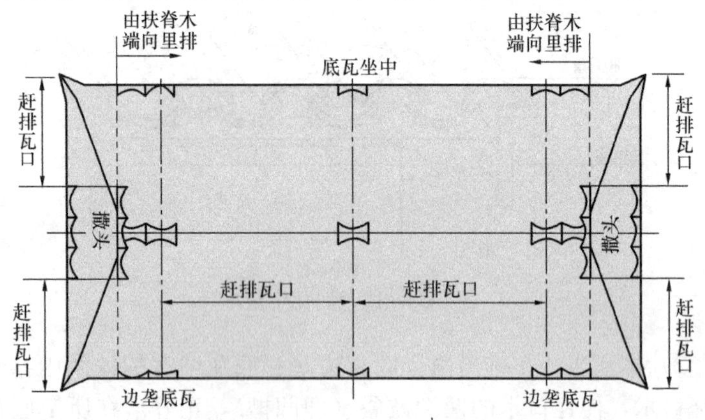

图 7-53　庑殿屋顶的分中号垄

（3）歇山屋顶的分中、排瓦当、号垄（图 7-54）

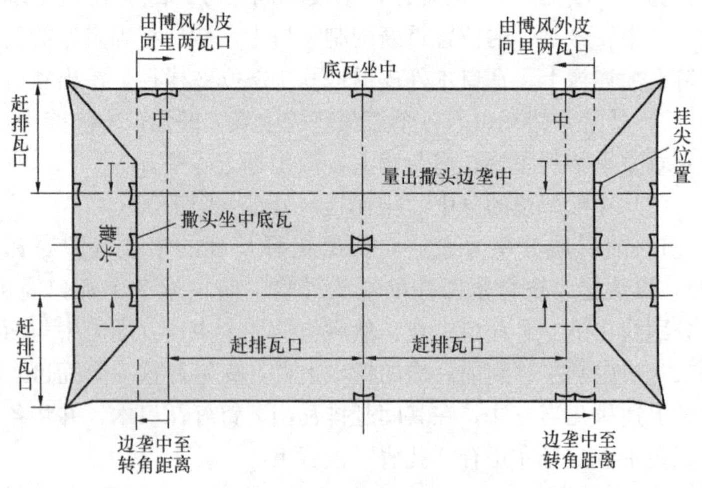

图 7-54　歇山屋顶的分中号垄

1）前后坡分中号垄：先找出正脊长度的中点（即底瓦坐中），再以两端“博风”外皮向里返 2 个瓦口宽度，并分别找出第二个瓦口中点，即为“边垄底瓦中”。然后将这 3 个中点（即坐中与两边第二瓦口中）平移到前后檐的檐口上，并用钉钉好这 5 个瓦口。随后按上述排瓦当方法，在其间赶排瓦当，钉好瓦口木，并将各盖瓦垄中点号在正脊“扎肩灰”背上。

2）撒头分中号垄：先找出前后坡上“边垄底瓦中”至翼角转角处的距离，以此距离尺寸，量出撒头边垄中，定出撒头边垄的底瓦位置，撒头正中为坐中底瓦。按这 3 个中点钉好 3 个瓦口，以这 3 瓦口为依据，分别在其两边赶排瓦当，最后将各盖瓦垄中，平移到上端小红山附近。

（4）边垄铺置、拴线

1）边垄铺置：在前后坡屋顶两端已确定的边垄底瓦位置，分别拴线、铺灰，铺置两趟底瓦和一趟盖瓦，瓦垄坡度要随屋顶坡度，两端边垄要平行，坡度一致，以此作为整个屋面铺瓦的标准。

2）拴线：是设定整个屋顶瓦面的水平线。以两端边垄盖瓦垄背（称为熊背）为标准，在正脊、中腰、檐口 3 个位置分别拴 3 道横线。这 3 道横线就是整个瓦面的高度标准，脊上的称为“上齐头线”，中腰的称为“楞线”或“腰线”，檐口的称为“檐口线”或“下齐头线”，简称它们为“三线”。坡长超过 6m 的可设 4 道线。

6. 屋脊砌筑

（1）布瓦屋脊砌筑

1）布瓦正脊砌筑

① 过垄脊砌筑

a）筒瓦过垄脊：摆放枕头瓦、梯子瓦（底瓦老桩子瓦）、铺砌续折腰瓦、折腰瓦、续罗锅瓦、罗锅瓦。

b）合瓦过垄脊：摆放枕头瓦、梯子瓦（底瓦老桩子瓦）、铺砌折腰瓦（或螃蟹盖瓦）、铺砌盖瓦老桩子瓦、砌抹脊帽子。

② 合瓦鞍子脊砌筑

摆放枕头瓦、梯子瓦（底瓦老桩子瓦）、铺砌瓦圈、铺砌盖瓦老桩子瓦、走水当内砌条头砖、铺砌仰面瓦、砌抹脊帽子。

③ 皮条脊砌筑

摆放枕头瓦、梯子瓦（底瓦老桩子瓦）、铺砌盖瓦老桩子瓦、砌胎子砖、拽当沟、砌抹1～2层瓦条、铺砌混砖、铺砌筒瓦或眉子砖、大麻刀灰托眉子。

④ 清水脊砌筑

a）调砌低坡垄小脊子：摆放枕头瓦、梯子瓦（底瓦老桩子瓦）、铺砌瓦圈、铺砌盖瓦老桩子瓦、走水当内砌条头砖、铺砌小脊子蒙头瓦两层（十字缝压接）、小脊子麻刀灰抹面。

b）调砌高坡垄大脊：铺砌扎肩瓦、压肩瓦、抹扎肩泥（或灰）、低坡垄摆砌圭角（鼻子）盘子、摆放枕头瓦、底瓦老桩子瓦、铺砌瓦圈、铺砌盖瓦老桩子瓦、走水当内砌条头砖、铺砌两层蒙头瓦（十字缝压接，与盘子上口平）、铺砌两层瓦条、脊两端摆砌“草”砖（砖雕平草、跨草、落落草）、铺砌混砖、插砌蝎子尾、铺砌筒瓦或眉子砖、大麻刀灰托眉子（与蝎子尾连做）。

⑤ 扁担脊砌筑

多用于仰瓦灰梗、干槎瓦、石板瓦等屋面。摆放底瓦老桩子瓦、两坡交汇处坐灰扣放瓦圈、坐灰扣放合目（锁链）瓦、错缝铺砌1～2层蒙头瓦、蒙头瓦上面及两侧抹大麻刀月白灰、勾合目瓦脸、刷青浆轧实轧光。

⑥ 有陡板正脊砌筑

扎肩灰上摆放底瓦老桩子瓦、两坡交汇处坐灰扣放瓦圈、铺砌胎子砖（当沟墙）、脊两端摆砌天地盘［圭角、宝剑头（面筋条）、天混、天盘］、铺砌两层瓦条（软瓦条：瓦条上抹灰；硬瓦条：条砖砍制）、铺砌圆混砖、安放正吻、铺砌陡板（通天板）砖、铺砌圆混砖、铺砌筒瓦或眉子砖、大麻刀灰托眉子。

2）布瓦垂脊砌筑

① 硬山、悬山垂脊砌筑

a）披水梢垄：摆砌青砖披水头、摆砌青砖披水砖、铺边梢垄底盖瓦。

b）披水排山：摆砌青砖披水头、摆砌青砖披水砖、铺边梢垄底盖瓦、摆砌圭角、咧角盘子、砌胎子砖、铺砌两层软瓦条、铺砌圆混砖、铺砌筒瓦或眉子砖、大麻刀灰托眉子。

c）铃铛排山：

A. 无吻兽做法：摆砌排山勾滴、铺边梢垄底盖瓦、摆砌圭角盘子、砌胎子砖、铺砌两层软瓦条、铺砌圆混砖、铺砌筒瓦或眉子砖、大麻刀灰托眉子。

B. 有吻兽做法：摆砌排山勾滴、铺边梢垄底盖瓦、摆砌圭角、咧角盘子、砌胎子砖、拽当沟、兽前铺砌一层瓦条、铺砌圆混砖、铺砌兽前走兽、铺砌垂兽座、安放垂兽、兽后铺砌两层瓦条、铺砌圆混砖、铺砌垂脊陡板、铺砌圆混砖、铺砌筒瓦或眉子砖、大麻刀灰托眉子。

② 歇山垂脊砌筑

a）无吻兽做法：摆砌排山勾滴、铺边垄底盖瓦、摆砌胎子砖、拽当沟、摆砌吃水、摆砌圭角、直盘子、铺砌两层瓦条、铺砌圆混砖、铺砌筒瓦或眉子砖、大麻刀灰托眉子。

b）有吻兽做法：摆砌排山勾滴、铺边垄底盖瓦、摆砌胎子砖、拽当沟、垂兽座下摆砌吃水、铺砌两层瓦条、铺砌垂兽座、安放垂兽、兽后铺砌两层瓦条、铺砌圆混砖、铺砌垂脊陡板、铺砌圆混砖、铺砌筒瓦或眉子砖、大麻刀灰托眉子。

③ 庑殿、攒尖垂脊、戗脊、岔脊、角脊砌筑

a）无吻兽做法：摆砌胎子砖、拽当沟、摆砌圭角、直盘子、铺砌两层瓦条、铺砌圆混砖、铺砌筒瓦或眉子砖、大麻刀灰托眉子。

b）有吻兽做法：摆砌胎子砖、拽当沟、摆砌圭角、直盘子、兽前铺砌一层瓦条、铺砌圆混砖、铺砌兽前走兽、铺砌截（岔）兽座、安放截（岔）兽、兽后铺砌两层瓦条、铺砌圆混砖、

铺砌垂（岔）脊陡板、铺砌圆混砖、铺砌筒瓦或眉子砖、大麻刀灰托眉子。

3）布瓦博脊砌筑

摆砌金刚墙、拽当沟、铺砌两层瓦条、铺砌圆混砖、铺砌筒瓦或眉子砖、大麻刀灰托眉子至山花板。

4）布瓦围脊砌筑

① 无吻兽做法：摆砌金刚墙、拽抹当沟、铺砌两层瓦条、铺砌圆混砖、铺砌筒瓦或眉子砖、大麻刀灰托眉子围脊枋下楞。

② 有吻兽做法：摆砌金刚墙、拽抹当沟、铺砌两层瓦条、铺砌圆混砖、安放合角吻、铺砌围脊陡板、铺砌圆混砖、铺砌筒瓦或眉子砖、大麻刀灰托眉子至围脊枋下楞。

5）布瓦蜈蚣脊砌筑（多用于廊子转角处）

先铺转角处割角底瓦、扎缝、铺斜向45°勾头及盖瓦、铺割角盖瓦、捉节夹垄（裹垄）。

（2）琉璃屋脊砌筑

1）琉璃正脊砌筑

① 过垄脊：铺砌续折腰瓦、折腰瓦、续罗锅瓦、罗锅瓦。

② 承奉连正脊：捏正当沟、砌胎子抹小背、砌压当条、填馅抹小背、摆砌承奉连砖、铺扣脊瓦。

③ 盝顶正脊：捏正当沟、砌当沟墙（胎子）、抹小背、砌压当条、填馅抹小背、摆砌盝顶正脊筒、抹锁口灰、铺扣脊瓦。

④ 脊筒正脊：捏正当沟、砌当沟墙（胎子）、抹小背、砌压当条、填馅抹小背、摆砌群色条、填馅抹小背、安装正吻、摆砌正脊筒（四样以上摆砌大群色、黄道、赤脚通脊）、抹锁口灰、铺扣脊瓦。

2）琉璃垂脊砌筑

① 硬山、悬山垂脊砌筑

a）披水梢垄：摆砌披水头、摆砌披水砖、铺边梢垄底盖瓦。

b）披水排山：摆砌披水头、摆砌披水砖、铺边梢垄底、盖瓦、摆砌托泥当沟、摆砌平口条、填馅抹小背、摆砌压当条、填馅抹小背、摆砌垂兽座、安装垂兽及兽角、摆砌垂脊筒、抹锁口灰、铺扣脊瓦（多用于墙帽或牌楼夹楼）。

c）铃铛排山：摆砌铃铛瓦、耳子瓦、摆砌咧角倘头、摆砌咧角撺头、捏正当沟、砌胎子、哑巴垄上摆砌平口条、砌压当条、填馅抹小背、摆砌垂兽座、安装垂兽及兽角、摆砌兽前三连砖、安装仙人走兽、摆砌垂脊筒、抹锁口灰、铺扣脊瓦，如圆山卷棚式还应做箍头脊。

② 歇山垂脊砌筑

摆砌铃铛瓦、耳子瓦、捏正当沟、砌胎子、哑巴垄内摆砌托泥当沟、哑巴垄上摆砌平口条、填馅抹小背、砌压当条、填馅抹小背、摆砌垂兽座、安装垂兽及兽角、摆砌垂脊筒、抹锁口灰、铺扣脊瓦，如圆山卷棚式还应做箍头脊。

③ 庑殿、攒尖垂脊、戗脊、岔脊、角脊砌筑

捏斜当沟、砌胎子抹小背、砌压当条、填馅抹小背、摆砌垂（戗、岔）脊附件、摆砌兽前三连砖、摆砌垂（戗、岔）兽座、安装垂（戗、岔）兽及兽角、安装仙人走兽、摆砌垂（戗、岔）脊筒、铺扣脊瓦。

3）琉璃博脊砌筑

捏正当沟、砌胎子抹小背、砌压当条、填馅抹小背、摆砌博脊尖（挂尖）、摆砌博脊连砖、摆砌博脊瓦。

4）琉璃围脊砌筑

捏正当沟、砌胎子抹小背、砌压当条、填馅抹小背、摆砌群色条、摆砌博通脊、摆砌蹬脚瓦、摆砌满面砖。

5）琉璃蜈蚣脊砌筑（多用于廊子转角处）

先铺转角处割角底瓦、扎缝、铺斜向45°勾头及盖瓦、铺割角盖瓦、捉节夹垄。

（3）花饰与灰塑脊砌筑（南方）

1）花瓦脊：脊的陡板部位用筒瓦或板瓦摆成各种镂空图案作为脊饰。

2）花饰脊：脊的陡板部位或通体烧制成各种浮雕纹饰。

3）灰塑脊：脊的陡板部位或通体用灰塑工艺调砌出各种动物、人物、花鸟等立体图案作为脊饰。

7. 瓦片铺设

（1）琉璃瓦铺设

铺设琉璃瓦的操作过程分为：审瓦冲垄、铺勾滴瓦、铺底瓦、铺盖瓦、捉节夹垄、翼角盖瓦等。

1）审瓦冲垄："审瓦"是指在铺瓦前，对所用之瓦进行检查，将带有扭曲变形、破损掉釉、尺寸偏差过大的瓦淘汰出去，将颜色差异过大的放到不明显之处使用。"冲垄"是指在边垄和屋顶中间位置按"三线"铺筑几条标准瓦垄（一般为两趟底瓦，一趟盖瓦）。冲垄完成后便可以大面积铺瓦。

2）铺勾滴瓦：拴好勾、滴齐头线后，用麻刀灰坐铺滴水瓦，在滴子膀上安放一块"遮心瓦"（可用碎瓦片，釉面朝下），用以遮挡勾头内的盖瓦灰，再用麻刀灰坐铺勾头瓦。

3）铺底瓦：屋面铺瓦工作应在两坡面对称同时进行，防止屋架偏向受压。先按已排好的瓦当和脊上号垄标记，依瓦垄拴挂1根上下方向的"瓦刀线"，瓦刀线的上端固定在脊上，下端拴一块瓦吊在屋檐下，此线是规范瓦垄顺直的控制线，瓦垄高低仍以"三线"为准。一般底瓦垄的瓦刀线拴在瓦垄左侧（盖瓦垄拴在右侧）。

4）拴好线后，即可铺筑瓦泥（即掺灰泥），瓦泥厚度约为30mm，依据线高进行增减，随后安放底瓦，底瓦应窄头朝下压住滴水瓦，依此由下而上，层层叠放。瓦之搭接有名词："三搭头"、"压六露四"、"稀瓦檐头密瓦脊"，即指三块瓦中，首尾两块要与中间一块搭头，上下瓦要压叠6成，外露4成，而檐头部分可适当少搭点即"稀瓦檐头"（可压五露五），脊根部位要多搭点即"密瓦脊"（可压七露三）。底瓦垄安放好后，用瓦刀将底瓦两侧的灰（泥）抹齐，不足之处要用灰泥补齐，此称为"背瓦翅"，要背足拍实。然后用大麻刀灰，将两垄底瓦间的蛐蜒当，沿底瓦翅边，塞严塞实，此称为"扎缝"，"扎缝"灰应以能盖住两边底瓦垄的瓦翅为度。

5）铺盖瓦：在盖瓦垄的右侧拴好“瓦刀线”，先铺筑泥瓦灰梗（一般也用掺灰泥，但需在盖瓦泥上再铺一层月白灰叫“驼背灰”），再安放筒瓦，第一块筒瓦应压住勾头瓦的后榫，接榫处应先挂素灰，后压瓦，素灰要依不同琉璃颜色加色粉（黄色琉璃瓦掺红土粉，其他掺青灰）。后面的瓦，都应如此一块一块地衔接，瓦的高低和顺直要做到“大瓦跟线、小瓦跟中”，即一般瓦要按瓦刀线顺直，个别稍小瓦按瓦垄中线为准，不能出现一侧齐、一侧不齐的现象。

6）捉节夹垄：盖瓦垄铺筑完成后，琉璃瓦要“捉节夹垄”（布筒瓦要“裹垄”）。“捉节”是指将每垄筒瓦的衔接缝，用小麻刀灰（掺色）勾抹严实，上口与瓦翅外棱要抹平。“夹垄”是指将筒瓦两边与底瓦之间的空隙（上下接缝），用小麻刀灰（掺色）填满抹实，下脚平顺垂直。抹灰完成后，应清扫干净，釉面擦净擦亮。

7）翼角盖瓦：先将套兽装灰套入仔角梁的套兽榫上，并用钉子钉牢，然后在其上后面立放“遮朽瓦”，使“遮朽瓦”背面紧挨大连檐木，并装灰堵塞严实，以保护连檐木。再在“遮朽瓦”上铺灰安放 2 块“割角滴水瓦”，罩住“遮朽瓦”左右，然后在割角滴水瓦上安放一块“遮心瓦”，用以遮挡勾头灰，上铺螳螂勾头，以螳螂勾头上口正中至屋面前后坡边垄交点，拴一道线作为翼角铺瓦的齐头线，在庑殿屋面上，该线是前后坡面和撒头坡面的分界线，由于庑殿有推山做法，因此该线应向前（后）坡部分有一定弯曲，叫作“旁囊”。线拴好后，按上述铺瓦方法，进行铺筑底瓦和盖瓦。

（2）布筒瓦铺设

布筒瓦屋面的铺瓦方法与琉璃瓦大致相同，各种屋面脊调砌完成后，开始冲垄、拴线、铺底瓦、背瓦翅、打瓦脸、扎缝（填抹扎当灰）、打盖瓦泥、铺盖瓦、坐雄头灰、分两遍抹实夹（裹）垄灰赶轧光亮。

（3）合瓦铺设

合瓦屋面是使用板瓦正反交替扣盖的屋面，俗称“阴阳瓦”屋面，其中用作盖瓦的板瓦应比底瓦小一号，一般采用二、三号板瓦。各种屋面脊调砌完成后，开始冲垄、拴线、铺底瓦、背瓦翅、打瓦脸、扎缝（填抹扎当灰）、打盖瓦泥、铺盖瓦、分两遍抹实夹垄灰赶轧光亮。铺瓦流程与琉璃瓦大致相同，只是勾、滴瓦采用了花边瓦。

（五）现代仿古建筑屋面构造工艺

在完成的防水卷材屋面上应加设钢丝网，铺筑水泥砂浆保护层。

传统灰背的现行做法比古时有了较大的改进，石灰砂浆、混合砂浆及水泥砂浆常用来替代掺灰泥作为结合层，使传统的泥背和灰背层数变少，厚度变薄，屋顶自重减轻。

（1）常规做法一（表7-1）

常规做法一 **表7-1**

构造分层	构造做法	说明
瓦面	琉璃瓦、筒瓦	
结合层	40mm厚混合砂浆或水泥砂浆	
苫背层	30～60mm厚水泥砂浆或细石混凝土找平层	
	防裂金属网一道（防止找平层裂缝）	钢筋混凝土基层可不设
基层	钢筋混凝土屋面板或木望板	

（2）常规做法二（表7-2）

常规做法二 **表7-2**

构造分层	构造做法	说明
瓦面	琉璃瓦、筒瓦	
结合层	40mm厚掺灰泥（泼灰：黄土＝3：7或4：6或5：5体积比）	

续表

构造分层	构造做法	说明
灰背层	青灰背 1 层，20～30mm 厚（灰：麻刀=100：3～5）	灰背每层厚度 20～30mm
泥背层	滑秸泥背或大麻刀泥背 1 层，50mm 厚（滑秸泥，灰泥：滑秸=5：1；灰泥：麻刀=100：6）	
防水层	沥青油毡（二毡三油）或 6 厚 SBS 改性沥青油毡一层	
基层保护层	护板灰（深月白灰）1 层，10～15mm 厚（灰：麻刀=100：2）	
基层	钢筋混凝土屋面板或木望板	

（3）高品质做法（表 7-3）

高品质做法 **表 7-3**

构造分层	构造做法	说明
瓦面	琉璃瓦、筒瓦	
结合层	40mm 厚混合砂浆或 1：2.5 水泥砂浆	
保护层	20mm 厚 1：3 水泥砂浆保护层，表面粘粗砂或小石砾	
防水层	5 厚 SBS 改性沥青油毡一层	
找平层	30mm 厚 1：3 水泥砂浆找平层	
保温层	60～120mm 厚水泥白灰焦渣保温层或其他保温层	
基层	钢筋混凝土屋面板或木望板	

（六）屋面修缮

1. 屋面查补

除草冲垄，铲除空鼓酥裂的灰皮，抽换破损瓦件，归安松动脊件，补抹夹垄灰或裹垄灰。瓦面、屋脊勾抹打点。其中布瓦屋面查补还包括刷浆绞脖。

2. 檐头整修

归安及补换缺失瓦件、勾抹打点，其中布瓦屋面檐头整修还包括刷浆绞脖。

3. 局部揭瓦

瓦面局部拆除，旧瓦件挑选、整理、清扫后重新铺瓦。

4. 复杂修缮

（1）满砍满夹：砍铲清除全部夹垄灰，新抹夹垄灰，勾抹雄头灰，屋脊打点，添配缺失脊件。其中布瓦屋面还包括勾抹瓦脸，刷浆绞脖。

（2）满砍满裹（布瓦屋面）：砍铲清除全部裹垄灰，新抹裹垄灰，勾抹瓦脸，屋脊打点，添配缺失脊件，刷浆绞脖。

（3）揭盖不揭底：盖瓦大面积松动脱落，底瓦整体完好。揭除全部盖瓦及松动泥灰，重新铺盖瓦。屋脊打点，添配缺失脊件。

（4）满拆新做：瓦面、屋脊、泥灰背全部拆除，可利用的旧瓦件挑选、整理、清扫，按缺失瓦件数量添配新瓦，重新苫背、铺瓦、调脊。

（七）屋面质量通病及防治

1. 屋面苫背质量通病及防治

（1）泥背

1）质量通病：强度不够、囊向不顺、表面过于光滑。

2）防治措施：严格控制灰泥比，分层进行苫抹，拴线垫囊，垫囊分层进行，垫囊和缓一致，表面抹出麻面。

（2）青灰背

1）质量通病：表面不平整，内含麻刀蛋、石子等杂物，接茬处出现裂隙，局部开裂，表面粗糙。

2）防治措施：交活前剔除所有表面杂物，补麻、补浆赶轧平整，接茬处铺麻宽度要足，灰背整体至少三浆三压。

2. 屋面瓦质量通病及防治

（1）质量通病：檐头勾滴不齐，扎缝不严、走水当不均，喇叭当、瓦垄不直顺，盖瓦跳垄，底瓦择偏，夹垄（裹垄）灰粗糙不直顺，瓦节处勾灰不严。

（2）防治措施：檐头勾滴拴线调直，扎缝灰饱满充实、铺底瓦、盖瓦时纵向跟线，横向跟尺，底瓦摆放平整，夹垄（裹垄）灰抹实、赶轧直顺光亮，瓦节处雄头灰坐实挤严勾抹平整。

八、瓦作施工项目技术管理知识

（一）瓦作施工技术管理概述

施工项目技术管理是施工的过程中，对各项技术活动过程和技术工作的各种要素进行科学管理的总称。所涉及的技术要素包括：技术人才、技术装备、技术规程、技术信息、技术资料、技术归档等。

施工技术人才是施工单位委派的并经过业主方和监理方认可，具有相应的任职资格，并按要求在相关政府部门备案的技术管理人员。技术装备是施工中的主要器械、工具，经验证合格后方可使用，对于测量仪器必须经过有资质单位进行校对并出具合格报告后方可使用。技术信息是施工前、后，特别是施工中的信息，包括但不限于图纸、图纸会审纪要、技术核定单、图纸变更、标准规范等，是最直接、最权威，可以直接指导施工的信息。对于错误的技术信息必须及时修改、纠正后方可继续施工。技术归档是对施工行为进行的科学、合理的资料记录和汇总，是留档后长期可以查阅，从而指导返修、工程改造的重要依据，归档技术资料必须真实、全面、有效。

（二）施工准备阶段

1. 组织机构

针对工程项目组建管理机构，并明确机构和技术人员职责。配备施工项目所需要的各类专业技术人员。在开工前，施工企业应组建项目经理部，任命项目经理和技术负责人，组织具备相应职业资格的项目团队。开工前需要对管理人员进行交底，包括岗位责任制的交底，项目经理的交底必须由公司主管领导进行，项目部其他人员的交底由公司主管领导或项目经理进行交底。项目经理在岗时间必须每周不少于5d，每天进行“项目经理带班检查”并登记造册。现场必须配备一定数量的专职安全员，专职安全员负责项目整个实施过程中的安全工作。

2. 图纸会审制度

图纸会审是指工程各参建单位工程技术人员，在收到施工图设计文件后，对图纸进行全面细致的熟悉，审查出施工图中存在的问题及不合理情况并提交设计单位进行处理的一项重要活动。

通过图纸会审可以使各专业技术人员熟悉设计图纸，领会设计意图，掌握工程特点及难点，找出需要解决的技术难题并拟定解决方案，从而将因设计缺陷而导致的问题在施工之前就得以解决。

3. 施工组织设计、各专项方案编制

(1) 施工组织设计

施工组织设计是以工程项目为对象，用以指导工程施工的技术、经济和管理的综合性文件。主要内容包括：编制依据、工程概况、工程项目的特点、重点、难点分析与对策、施工部署、施工进度计划、施工准备与资源配置计划、主要项目施工方法与质量控制、施工现场平面布置、古建筑及环境保护措施、施工试验与成品保护措施、施工资料管理收集与整理、季节性施工措施、主要机械管理措施等相关内容。

(2) 专项方案

专项方案是以分部（分项）工程或专项工程为主要对象编制的施工技术与组织方案，用以具体指导其施工过程。编制内容应包括：工程概况、编制依据、施工计划、施工工艺技术、施工安全保证措施、劳动力计划、计算书及相关图纸。对于超过一定规模的危险性较大的分部分项工程，还应组织专家对专项施工方案进行论证。

（3）施工组织设计和方案的编制和审批

根据现行国家标准《建筑施工组织设计规范》GB/T 50502 的要求进行编制和审批，应符合下列规定：

1）施工组织设计应由项目负责人主持编制，可根据需要分阶段编制和审批；

2）施工组织总设计应由总承包单位技术负责人审批；单位工程施工组织设计应由施工单位技术负责人或技术负责人授权的技术人员审批；施工方案应由项目技术负责人审批；重点、难点分部（分项）工程和专项工程施工方案应由施工单位技术部门组织相关专家评审，施工单位技术负责人批准；

3）由专业承包单位施工的分部（分项）工程或专项工程的施工方案，应由专业承包单位技术负责人或技术负责人授权的技术人员审批；有总承包单位时，应由总承包单位项目技术负责人核准备案；

4）规模较大的分部（分项）工程和专项工程的施工方案应按单位工程施工组织设计进行编制和审批。

（4）施工组织设计和施工方案动态管理

动态管理，即在工程项目实施过程中，针对施工组织设计和方案的执行、检查或因变更所作修改的技术管理活动。

项目施工过程中，发生以下情况之一时，施工组织设计和施工方案应及时进行修改或补充：工程设计有重大修改；有关法律、法规、标准规范的实施、修订和废止；主要施工方法有重大调整；主要施工资源配置有重大调整；施工环境有重大变化。经修改或补充的施工组织设计应重新审批后实施。项目施工前应进行施工组织设计逐级交底，项目施工过程中，应对施工组织设计的执行情况进行检查、分析并适时调整。

对于超过一定规模的危险性较大的分部分项工程，施工单位还应组织专家对专项施工方案进行论证。实行施工总承包的，由施工总承包单位组织召开专家论证会。专家论证前专项施工方案应当通过施工单位审核和监理单位审查。专家应当从地方人民政府住房城乡建设主管部门建立的专家库中选取，符合专业要求且人数不得少于5名。与本工程有利害关系的人员不得以专家身份参加专家论证会。施工单位应当严格按照专项方案组织施工，不得擅自修改、调整专项方案。专项方案经论证后需做重大修改的，应重新组织专家进行论证。

（三）现场技术管理

1. 技术交底

技术交底内容包括：设计交底、方案交底、施组交底、变更交底、专项交底等。技术交底实行会签制度，交底人和被交底人双方签字留档。

2. 各类样板与预检项目工作计划

样板包括样板间，各类构件样板等（如博缝头），预检项目如皮数杆、瓦口等。施工项目样板制作计划应针对使用材料和施工过程中的重要工序、节点，根据工程特点及工艺特点制定，能够指导施工人员操作。

3. 分部分项工程重点及难点分析与对策

分部工程是单位工程的组成部分，一般针对工程部位的重点及难点，细致的筹划施工方法，进一步提出技术保障措施和对策。

制定对策时应注意：1）措施合理，具有针对性，尽可能保留建筑的历史信息；2）采用传统工艺技术、传统材料，尽可能保留时代特征和历史价值；3）措施效果具有可靠性、安全性、合理性。

4. 质量管理

质量管理应包括：1）项目质量目标；2）项目质量管理的组织机构，明确分工、职责，制定相应管理制度；3）符合项目特点的技术保障和资源保障措施；4）针对建筑易发生质量问题的分部（分项）工程，制定有针对性的质量防控措施；5）质量全过程检查制度，以及质量事故的处理规定。

5. 工程洽商管理

工程洽商管理是指业主、承包人在施工过程中就施工方案、施工内容改变，处理计划外事件，调整工期或施工顺序调整，设计问题现场处理等事宜达成一致意见的书面记录文件。工程洽商按照是否涉及工程价款调整的原则分为两类：有工程价款增减的洽商和不涉及工程价款增减的洽商。

6. 成品、半成品质量控制措施

主要材料检验、进场复检工作计划应根据国家规范、设计要求及工程规模、进度等实际情况制定措施。

7. 工程检测、试验和计量管理

主要对工程所需要的计量、测量、检测、试验设备进行分析选择，配置数量和精度满足需要的设备。

（四）施 工 验 收

1. 隐蔽、预检验收管理

隐蔽是指将要被其他工序施工所隐蔽的分项、分部工程，在隐蔽前所进行的检查验收。预检是指工程在未施工前所进行的预先检查。预检是确保工程质量，防止可能发生差错造成重大质量事故的有力措施。

2. 分部（分项）验收管理

分部工程是指按部位、材料和工种进一步分解单位工程后出来的工程。每一个单位工程仍然是一个较大的组合体，它本身是由许多分项工程所组成，把这些内容按部位、材料和工种进一步分解，就是分部工程，如屋面防水、灰泥背等。

分项工程是指分部工程的细分，是构成分部工程的基本项目，它是通过较为简单的施工过程，就可用适当计量单位进行计算的施工项目。一般是按照施工方法、所使用的材料、结构构件规格等不同因素划分施工分项，如砖基础、墙身、屋面、地面等分项工程。

3. 工程总结

主要是归纳总结施工经验、施工方法和施工工艺、质量达标情况、工程存在的不足和技术管理的优越性，以及经济效益和社会效益影响等内容。

4. 工程验收管理

工程所具备的竣工验收条件、阶段验收、工程预验、竣工验收。

（五）施工技术资料管理

技术资料包括施工过程中形成的、用以指导正确、规范、科学施工的所有技术文件，以及反映工程变更情况的各种资料。

1. 主要技术资料的分类

古建筑工程主要技术资料有以下几类：1）施工技术管理资料；2）工程质量控制过程资料；3）材料、构配件检验资料；4）工程质量验收记录等。

2. 主要技术资料的收集与整理

技术资料的收集与整理应包含以下内容：1）工程概况；2）工程项目施工管理人员名单；3）施工现场质量管理检查记录；4）施工组织设计、施工方案审批表；5）技术交底记录；6）竣工报告等。

3. 技术资料的归档与移交

古建筑工程归档文件必须完整、准确、系统，能够反映工程建设活动的全过程。归档的文件必须经过分类整理，并应组成符合要求的案卷。移交归档文件并整理立卷后，按要求对档案文件进行系统检查审查。审查合格后向建设单位移交，同时办好交接手续。

（六）环境保护、成品保护技术措施

1. 环境保护

环境保护应包括：建筑本体及其附属建筑（含室内陈设、壁画、塑像等)、古树名木等。

2. 成品保护

成品保护是指在施工过程中，当某些工程技术环节和人员存在交叉作业问题时，负责不同工种、工序的人员之间应加强协商，针对已完成的部分采取有效地保护措施，避免受到后续施工影响。

（七）瓦作“四新”技术应用

“四新”技术是指新技术、新工艺、新材料和新设备的成功范例应用在施工过程中，并制定详细的施工方案和技术措施。新技术、新工艺、新材料和新设备应用方案的选择原则：1）技术上先进、可靠、适用。选择先进可靠、使用合理的新技术可以取得多方面的效果，其中主要表现在降低物资消耗、缩短工艺流程、提高劳动生产率，有利于保证和提高产品质量、提高自动化程度，有益于人身安全、减轻工人的劳动强度、减少污染、消除公害，有助于改善环境。同时有利于缩小与国外先进水平的差距；2）经济合理。就是要综合考虑投资成本、质量、工期、社会经济效益等因素，选择经济合算的方案。

目前，瓦作施工的“四新”还不是很明显，施工相对传统，但在材料上可以有所创新的空间，耐久、环保、美观和适用的新材料瓦片可确保更好的工程质量。由于是人工排瓦，经常会出现瓦当排列不齐的现象，影响古建整体的美观，所以在提高工人本身技艺的同时，需要采取新的控制措施甚至是新机械化的探索应用。屋面防水也可以在材料、结构和工艺上有所创新，传统的瓦面结构会有漏水现象，做好结构本身防水是关键，在此基础上选择新型防水材料和瓦片是提升建筑防水的又一层保障。

参考文献

[1] 刘大可．中国古建筑瓦石营法[M]．北京：中国建筑工业出版社，1993.

[2] 姚承祖．营造法原[M]．北京：中国建筑工业出版社，1986.

[3] 刘敦桢．中国古代建筑史[M]．北京：中国建筑工业出版社，1984.

[4] 中国科学院自然科学史研究所，中国古代建筑技术史[M]．北京：科学出版社，1985.

[5] 马炳坚．中国古建筑木作营造技术[M]．北京：中国建筑工业出版社，2003.

[6] 王晓华．中国古建筑构造技术[M]．北京：化学工业出版社，2013.

[7] 田永复．中国园林建筑施工技术[M]．北京：中国建筑工业出版社，2003.

[8] 李金明．古建筑瓦工[M]．北京：中国建筑工业出版社，2004.